Claus-Dieter Brauns
Lorenz G. Löffler

Mru

Bergbewohner im Grenzgebiet
von Bangladesh

Birkhäuser Verlag
Basel · Boston · Stuttgart

Text: Prof. Dr. Lorenz G. Löffler
Farbaufnahmen: Claus-Dieter Brauns

Frontispiz: Erntedankfest.
Umzug mit drei Tellergongs und Trommel um den
Schmuckbambus am *tsar* des Feldhauses.

Hinterer Vorsatz:
Karte der südlichen Chittagong Hill Tracts, 1961.

CIP-Kurztitelaufnahme der Deutschen Bibliothek

Brauns, Claus-Dieter:
Mru: Bergbewohner im Grenzgebiet von Bangladesh/
Claus-Dieter Brauns; Lorenz G. Löffler. – Basel;
Boston; Stuttgart: Birkhäuser, 1986.
ISBN 3-7643-1781-7
NE: Löffler, Lorenz G.

© 1986 Birkhäuser Verlag Basel
Buchkonzept und Gestaltung des Farbteils:
Helga Brauns und Albert Gomm swb/asg, Basel

Fotolithos: Steiner + Co. AG, Basel
Druck: Rombach Druckhaus, Freiburg
Satz: Jung SatzCentrum, Lahnau
Einband: Grollimund AG, Reinach

ISBN 3-7643-1781-7

Inhalt

Die drei Standardflechtmuster der Mru.
Die Motive erscheinen auch in den Perlbändern
und den Schmuckeintragungen der Frauenröcke.

Rechte Seite:
Erste Begegnung mit dem fremden weißen Mann
auf dem Bazar von Lama.

Nächste Doppelseite:
Morgennebel im Tal des Matamuri.

Oben und rechts:
Die jungen Leute der Mru legen Wert auf ein schmuckes
Aussehen. An Festtagen wird darauf besonders viel Mühe
verwandt.

Nächste Doppelseite:
Eine Gruppe junger Leute hat sich in der kalten Jahreszeit um
ein wärmendes Feuer versammelt. Rechts ein großer Stapel
Brennholz, Zeugnis der Arbeit der Frauen.

<
So geht es auch: die Blume
im Mund und die Zigarre
im Ohr

>
Die Bambusflöte ist
das Musikinstrument
der jungen Mädchen.

Nächste Doppelseite:
Menyong-Para,
das Mru-Dorf,
in dem C.-D. Brauns lebte,
im Abendlicht.

Vorwort

Dies Buch will einen Einblick geben in die Welt der Mru, eine uns unbekannte und unzugängliche Welt. Es zeigt Bilder, die sonst nirgends zu sehen sind, und berichtet von einer Kultur, über die sonst nirgends berichtet wird. Außer den beiden Autoren, Claus-Dieter Brauns als Photograph und dem Verfasser als Ethnologen, gibt es niemanden, der dies Buch hätte schreiben und bebildern können. Und es wird, auf Jahre hinaus, wenn nicht für immer, das einzige Dokument dieser Art über die Mru bleiben, denn die hier dokumentierte Kultur der Mru im Südostzipfel von Bangladesh ist von der Vernichtung bedroht.

Daß dies Buch überhaupt zustande kam, ist vor allem das Verdienst von C.-D. Brauns. Er scheute keine Mühen und Kosten, den Mru ein Denkmal zu setzen. Motiviert von einer tiefen Sehnsucht, aus den Zwängen der technischen Zivilisation auszubrechen, zurückzukehren zum Ursprünglichen, bei ‹unberührten Naturvölkern ein Stück wilder Freiheit zu spüren›, bereiste er in den 6oer und 7oer Jahren Südostasien. Im Nordosten Hinterindiens vermutete er ein Land fernab jeglicher Zivilisation, wo wilde Stämme ein urtümliches Leben führten und auf Kopfjagd gingen.

Seit dem 2. Weltkrieg hatte sich dort jedoch einiges verändert. Wohl war es immer noch ein Gebiet außerhalb geregelter staatlicher Verhältnisse, aber doch kein Gebiet mehr außerhalb europäischen Einflusses. Vielmehr mobilisierten in diesem weitgestreckten Bergland, in dem die Grenzen zwischen Indien, Burma und (vormals) Ost-Pakistan, (jetzt) Bangladesh verlaufen, kolonial geschulte Eliten die einheimische Bevölkerung gegen die bedingungslose Machtübernahme durch die neuen Nationalstaaten. Vor allem

Indien, dessen Regierung wenig Ahnung hatte, mit wem sie es hier eigentlich zu tun hatte, fürchtete um seine territoriale Integrität und bescherte sich mit der Überheblichkeit seiner Verwaltungsbeamten einen bis heute nicht beendeten zähen Dschungelkrieg, der bald internationale Mitspieler fand. Von den Unruhen am wenigsten betroffen war, bis in die 6oer Jahre, der schmale Streifen des Berglandes, der im Hinterland von Chittagong bei der Teilung Britisch-Indiens 1947 an Pakistan gefallen war.

Ganz im Süden dieser relativ niedrigen Bergketten, den sogenannten Chittagong Hill Tracts, stieß C.-D. Brauns 1963 auf Angehörige einer ethnischen Gruppe, die ihn faszinierten. Verglichen mit der bengalischen, vorwiegend mohammedanischen Bevölkerung der Ebene, aber auch mit den anderen ethnischen Gruppen der Chittagong Hill Tracts, insbesondere den im Süden stark vertretenen buddhistischen Marma, die den Bewohnern Arakans auf der burmanischen Seite anzuschließen sind, schienen diese ‹Murung›, wie die Bengalen sie nennen, Vertreter einer noch naturverbundenen Stammeskultur. Im Gegensatz zu den ‹zivilisierten› Nachbarn nur spärlich bekleidet – die Männer mit einem Durchziehschurz, die Frauen mit einem Minirock –, werden sie von den Bengalen als nackte Wilde betrachtet. In ihren Dörfern, so hieß es, feierten sie blutige Riten, zu denen Rinder geopfert wurden.

In Karim, einem Bengalen, fand C.-D. Brauns einen Helfer, der sich in den Bergen etwas auskannte, genügend Englisch verstand, um als Dolmetscher zu fungieren, und sich überdies als Koch nützlich machte. In einem der schmalen Einbäume fuhr man den Matamuri (einen der größeren Flüsse der südlichen Chittagong Hill Tracts) aufwärts.

Während der bengalische Bootsmann, Stunde um Stunde, den Mäandern des Flusses folgend, den Einbaum langsam flußauf stakte und der Blick den oft von hohem Elefantengras überwucherten Uferbänken entlangglitt, blieb die maschinengetriebene Hektik der modernen Zivilisation immer weiter im Westen zurück. In Lama, einem kleinen Verwaltungsort und Marktflecken, der teilweise, obschon von den ersten Hügeln umgeben, als Enklave noch zum Ebenendistrikt gehört, heuerte man zwei Träger an, und mit ihnen ging es in die Berge, Richtung Südwesten, zu den Mru.

Claus-Dieter Brauns berichtet: «Während noch dichter Nebel über dem Matamuri-Tal lag, brach unsere Gruppe auf, folgte dem Lauf eines kleinen Nebenflusses auf zunächst noch bequemen Pfaden, durch verdorrtes Buschwerk und Grassavannen, vorbei an bereits abgeernteten Feldern, die sich die Hänge hinanzogen. Bald jedoch führte auch der Pfad bergwärts, wurde steil und mühsam: die Sonne brannte vom wolkenlosen Himmel, ich kam ins Schwitzen, meine Beine schmerzten, das Atmen fiel schwer. Doch herrlich waren die Ausblicke über die zur Trockenzeit braungelb getönte Hügellandschaft: im Osten sah man, dem Lauf des Matamuri folgend, blauschimmernd die Berge; im Westen flimmerte die Küstenebene, und ganz am Horizont, silbrig glitzernd, der Golf von Bengalen. Endlich, nach stundenlangem Marsch, kam das Reiseziel in Sicht: Menyong-Para, ein besonders malerisches Mru-Dorf. Am Hang, über einer bereits im Schatten liegenden Schlucht, ließen sich 21 Häuser zählen. Als erste begrüßten uns bellend und jaulend die Hunde. Die Frauen und Mädchen, die von durchziehenden Bengalentrupps nur Übles zu gewärtigen hatten, flüchteten erschreckt in die Häuser; Kinder zogen sich in ängstlich-neugierigen Grüppchen hinter die Hausecken zurück; die Männer blieben stehen, blickten verschlossen, abweisend. Ich spürte Unbehagen, mir kamen Zweifel, ob das gut gehen würde.»

Der Dorfchef zeigte sich zunächst wenig erfreut, wies den Besuchern aber eine Feldhütte am Rande des Dorfes als Bleibe an. Bewirten wollte man sie allerdings nicht — auch nicht gegen Bezahlung: die Ernte war schlecht ausgefallen. Photographieren mochte man sich auch nicht lassen. C.-D. Brauns versuchte, das Mißtrauen mit Geschenken zu überwinden, aber ohne viel Erfolg. Hilfe kam schließlich von Menlong, dem jüngeren Bruder des Dorfchefs. Menlong war einmal in einem Missionsspital gewesen und dort von einem weißen Arzt behandelt worden. Seitdem wagte er es, den Weißen zu trauen. Er verstand und sprach Bengali und Marma — er betrachtete sich als Buddhist — und nutzte jetzt die Gelegenheit, auch etwas Englisch zu lernen. Er führte den Gast in die Kultur der Mru ein, zeigte ihm, wo es etwas zu photographieren gab, holte ihn, wenn irgendwo ein Opfer stattfand, wenn Mädchen am Bach wuschen oder fischten, wenn Frauen Wolle färbten und webten, wenn Männer auf Jagd gingen und so weiter. Mit der Zeit akzeptieren die Dorfbewohner den ungewöhnlichen Besuch, und als er in den folgenden Jahren wiederkam, begrüßte man ihn als alten Bekannten und guten Freund, der sich unter ihnen geborgen fühlen konnte. 1964 wurden die Chittagong Hill Tracts zum Sperrgebiet erklärt. Karim verstand es aber (wenn auch ohne Regierungsgenehmigung, so doch mit Wissen der örtlichen Polizei), weitere monatelange Aufenthalte in den Hill Tracts (1965, '69, '71 und '74) zu arrangieren. Eine der Voraussetzungen, ein so risikoträchtiges Unternehmen überhaupt fortzuführen, war für C.-D. Brauns das seiner Arbeit entgegengebrachte Interesse der Redaktion des US-amerikanischen National Geographic Magazine, deren stete Ermunterungen und die Bereitschaft, Teile der Ergebnisse zu publizieren.

Claus-Dieter Brauns erinnert sich: «1971 war das Jahr des bengalischen Unabhängigkeitskampfes, der Loslösung Bangladeshs von Pakistan. Ich wollte meine Dokumentation vollenden und fuhr, ungeachtet der Warnungen, im August in das geplagte Land, um bei den Mru die Erntezeit mitzuerleben. Während überall Angst und Schrecken herrschten, arrangierte sich Karim auf seine Art mit dem Militär und brachte mich ins Mru-Dorf. Es regnete in Strömen, alles wucherte im dichten, naßtriefenden Grün. Die Pfade waren glitschig. Die Kleidung war ständig durchnäßt. Ich fürchete um Kameras und Filme, aber auch um meine Gesundheit: ringsum gab es Moskitos, Sandflöhe, Blutegel, Skorpione, Schlangen. Das Leben in den wolkenverhangenen Dschungelbergen schien mir die Hölle.

Im Oktober verlängerten sich die Abstände zwischen den nun nachlassenden Regenfällen; die Nächte wurden spürbar kühler und damit angenehmer. Danach geschah, was ich schon immer befürchtete: Polizisten kamen, um mich aus dem Dorf zu holen. In Lama erwartete mich ein westpakistanischer Sicherheitsbeamter, der über meine photographische Tätigkeit gut informiert schien und mich darauf hinwies, daß es verboten war, in den Bergen zu missionieren und Aufnahmen von ‹unbekleideten Ureinwohnern› zu machen. Erlaubt seien höchstens Gruppenphotos auf dem Bazar. Ich zeigte ihm einige Schwarzweiß-Bilder, die sogleich verbrannt wurden. Im übrigen bekundete mir der Panjabi jedoch seine Wertschätzung der Deutschen, ließ mich wieder frei und warnte mich sogar vor dem nächsten Polizeiposten. Ich schaffte es, mit dem Bus unkontrolliert bis Chittagong und von dort mit dem Flugzeug nach Dhaka, der Hauptstadt, zu kommen. Im Hotel erschienen dann jedoch zwei Spezialbeamte, konfiszierten den Reisepaß und forderten die Herausgabe des Filmmaterials. Ich übergab zehn Rollen; die anderen hatte ich vorsorglich in der Nacht zuvor bei Freunden – die sie später nach Bangkok mitnahmen – in Sicherheit gebracht. Erst durch die Intervention der Botschaft erhielt ich meinen Ausweis zurück und konnte das Land förmlich am letzten Tag vor dem Blutbad der westpakistanischen Truppen verlassen.»

Die für den vorliegenden Band getroffene Auswahl aus mehr als 6000 Dias von C.-D. Brauns (ergänzt durch einige Aufnahmen aus meinen Beständen) zeigt nicht nur rein wissenschaftliche, funktionale Dokumentarphotos, sondern will zugleich Gefühle vermitteln, einschließlich all der exotisch-romantischen Empfindungen, die die Mru und ihr Lebensraum in einem Europäer wecken können, von Brauns ins Bild gesetzt mit den Mitteln der ausgefeilten Kunstphotographie, im Spiel von Licht und Schatten, dramatisch und von farbiger Brillanz. Die Photos zeigen manches, was im Text nicht genannt wird; dafür steht im Text manches, was bildlich nicht dokumentiert ist. Text und Bilder sollen sich kontrastierend ergänzen, nicht nur inhaltlich, auch in der Sichtweise, im Verständnis. Anders als der Photograph, läuft der Ethnograph leicht Gefahr, über das Sichtbare hinaus nicht nur das zu beschreiben, was bildlich nicht dokumentierbar ist, sondern durch seine Auswahl und Auslegung von Erlebnissen und Informationen auch Eindrücke zu vermitteln, die der Realität, wie sie sich den Angehörigen einer fremden Kultur darstellt, nicht gerecht werden. Ich habe mich deshalb bemüht, meine Daten möglichst für sich selbst sprechen zu lassen.

Dennoch kann die Beschreibung nicht umhin, zu interpretieren, zu übersetzen. Die Kultur der Mru gleicht nicht der unseren. Es fehlt manches, was es bei uns gibt, aber es findet sich auch manches, was es bei uns nicht gibt. Und da unsere Sprache sich an dem orientiert, was es bei uns gibt, fehlen uns zur Beschreibung der Kultur der Mru viele Begriffe. Ich werde versuchen, einiges, für das es in unserer Sprache keine Begriffe gibt, so gut wie möglich zu umschreiben. Ist von einer Sache jedoch häufiger die Rede, werden diese Umschreibungen beschwerlich. Einfacher ist es dann, den Mru-Begriff zu verwenden. Nähere Angaben zur Aussprache der Mru-Wörter finden sich vor dem Glossar S. 247.

Schon in den 50er Jahren war das Umfeld, in dem die Mru klimatisch, wirtschaftlich und politisch leben, in keinem Fall ideal. Dennoch wäre ich, wenn ich damals nicht gesundheitlich am Ende meiner Kräfte gewesen wäre, gerne länger bei ihnen geblieben, auf Jahre hinaus, und in ‹meinem› Dorf hätte man es auch gerne gesehen, wenn ich geblieben wäre. Allerdings waren auch die 10 000 DM, die mir aus Mitteln der Deutschen Forschungsgemeinschaft für den Aufenthalt zur Verfügung standen, trotz sparsamster Haushaltsführung nahezu aufgebraucht, und um meinen Lebensunterhalt so zu erwerben wie die Mru, war ich, auch nach anderthalb Jahren Lehrzeit, noch viel zu unwissend. Ich konnte kein Feld bestellen, kein Haus bauen, kein Tier zerlegen, ja nicht einmal auf einem Mru-Herd ein gleichmäßiges Feuer unterhalten. Wie jedermann in unserer Kultur verstand und verstehe ich es nur, mir die lebensnotwendigen Dinge käuflich zu erwerben. In den Hill Tracts hingegen muß traditionell jeder fähig sein, fast alles, was er braucht, selbst herzustellen. Diese Fähigkeit bedeutet zwar größere Selbständigkeit und Unabhängigkeit, aber sie bedingt auch größere Beschränkungen im Machbaren, Verzicht auf manches Gut, ohne das wir uns ein Leben kaum mehr vorstellen können. Der Lebensstandard der Mru ist nicht der unsere, aber auch ihre Fähigkeiten sind nicht die unseren. Abgesehen von meinem besseren Verständnis der wirtschaftlichen Außenbedingungen, die den Mru zu schaffen machten, hatte ich kaum je Anlaß, mich ihnen überlegen zu fühlen. Meine Kenntnisse erreichten nie ihr Alltagswissen. Daß ich schreiben konnte und mir ständig Notizen machte, wußten sie mit meiner Unfähigkeit, etwas im Gedächtnis zu bewahren, zu entschuldigen. Auf den folgenden Seiten findet sich einiges von dem, was ich ihnen auf diese Art entführen konnte. Vielleicht unterläuft mir hie und da ein Irrtum – meine Lehrmeister mögen mir das verzeihen.

Als ich meine Dissertation über Rinderfeste in Südost-Asien schrieb, wußte ich noch nicht, daß sich mir die Möglichkeit eröffnen würde, bei einer der Ethnien, die ich in dieser Arbeit kurz erwähnt hatte, selbst forschen zu können. Meine aus dem Literaturstudium entwickelten Ideen erwiesen sich für das Verständnis der Mru recht unbrauchbar, und was ich vor der Ausreise an Bengali gelernt hatte, entsprach kaum dem, was im Chittagong-Gebiet gesprochen wurde. Ein junger Marma, der auch für mein leibliches Wohl sorgte, hatte in der Schule genügend Schrift-Bengali gelernt, um mir mit der Zeit das Verständnis des Lokal-Bengali und des Marma zu erleichtern, und nach einigen Monaten fand ich auch einen Mru-Lehrer (er beherrschte außer seiner eigenen Sprache Bengali, Marma und Lushai), der in der Folge auch mein Hauptinformant wurde und mich auf lange Touren zu anderen Mru-Gruppen begleitete. Ohne ihn hätte ich in den fremden Dörfern wenig erfahren: er erklärte den Leuten, wer ich war und was ich wollte, daß ich kein Regierungsvertreter war, sie folglich Vertrauen zu mir haben durften, daß ich auf ihrer Seite stand und von ihnen soviel wie möglich lernen wollte, um es der Nachwelt zu überliefern. Dennoch: nicht alle verstanden, daß ich nicht mehr für sie tun könnte. Die Weißen hätten doch die Macht, ihnen gegen die neuen Herrscher zu helfen. Aber ich war nur Gast in diesem Land, auch wenn mich der Geheimdienst gelegentlich des Aufbaus einer Widerstandsgruppe verdächtigte, weil man sich nicht vorstellen konnte, daß irgendein zivilisierter Mensch sich für das Leben der Wilden interessiere. Was gebe es da schon zu studieren? Auf einen Posten in die Chittagong Hill Tracts abkommandiert zu werden, war für einen bessergestellten Bengalen so etwas, wie in die Verbannung geschickt zu werden. In den gebildeten Schichten Chittagongs wußte man über die kaum 30 km östlich liegenden Bergketten nicht viel mehr, als daß es dort Affen gab. Und diese Kenntnis stammte aus einer Verballhornung, die den Hauptort des südlichen

Circles, Bandarban, als Bandor-bon (‹Affen-Wald›) interpretiert. Selbst die Raja, die von den verschiedenen Ethnien ihrer Territorien Steuern einzogen und über sie zu Gericht saßen, wußten über sie nicht viel mehr als sie aus dem Bericht eines der ersten englischen Verwaltungsbeamten der Hill Tracts, Capt. Thomas H. Lewin, von 1869 (mit Zweitausgabe 1870), entnehmen konnten. Einer seiner Nachfolger, R. H. Sneyd Hutchinson, verfaßte 1906 (mit Zweitausgabe 1909) ein neueres Übersichtswerk; da es einige ethnographische Irrtümer enthält, ist es aber weniger verläßlich als Lewin, dessen Werk heute noch zum besten und verlässlichsten gehört, was über die Kultur der Bergvölker existiert. Am ausführlichsten behandelt wurden von beiden Autoren die in den Haupttälern wohnenden großen Ethnien: Chakma, Marma, Tipera. Spärlicher sind die Angaben zu den kleineren Ethnien: Mru und Khumi, Bawm und Pangkhua, Khyang und Sak.

Zwei deutsche Ethnographica-Sammler, E. Riebeck und J. Konietzko, besuchten Ende vorigen bzw. Anfang dieses Jahrhunderts die Hill Tracts. (Die Riebecksche Sammlung befindet sich im Völkerkunde-Museum Berlin-Dahlem.) 1925/26 wurde J. P. Mills, Autor mehrerer Monographien über die Naga im ostassamesischen Bergland und später Deputy Commissioner der Naga Hills, mit einer Untersuchung der Rolle der Raja in den Chittagong Hills beauftragt. Bei seinen Touren besuchte er auch die Dörfer südlich Bandarban, und von dort stammen die ersten photographischen Aufnahmen der Mru, die J. P. Mills mir später freundlicherweise zur Verfügung stellte. Ethnographisch geschah in den Chittagong-Bergen ansonsten kaum etwas, bis 1949 der inzwischen berühmte französische Ethnologe Claude Lévi-Strauss einen ersten Ausflug in die mittleren Hill Tracts unternahm; die von ihm publizierten Ergebnisse sind allerdings in keiner Weise vertrauenswürdig. Doch 1952 folgte sein Schüler, Lucien Bernot mit seiner Frau, und dessen Arbeit verdanken wir eine exzellente Monographie über die Marma und ein kleines Buch über die Sak. Über Chakma und Tipera gibt es nichts Vergleichbares. Während aber inzwischen über Geschichte, Sozialorganisation und Zeremonialwesen der Chakma einzelne Studien vorliegen, die zumindest ein fragmentarisches Bild liefern, sind wir für die Tipera über Lewins Angaben kaum hinausgekommen. 1954 plante Dr. H. E. Kauffmann, ein durch seine in die dreißiger Jahre zurückdatierenden Forschungen und Publikationen über die Naga bekanntgewordener Wissenschaftler, eine Erforschung der Tipera in Indien und Pakistan; ich durfte ihn begleiten. Doch nur die pakistanische Regierung erteilte nach langem Zögern ein Visum; eine Umorientierung auf den Süden der Hill Tracts wurde nötig; Dr. Kauffmann erkrankte kurz nach Beginn der Forschung Ende 1955 und mußte nach Europa zurückkehren; was blieb, war mein anderthalbjähriger Aufenthalt bei den Mru.

Ein zweiter Aufenthalt 1964, in dessen Verlauf drei meiner Studenten Kontakte mit den Bawm knüpften, wurde durch die Schließung der Hill Tracts vorzeitig beendet. Die Kontakte mit den schulgebildeten Bawm konnten bis zu einem gewissen Grade bis heute aufrechterhalten werden; die mit den der Schrift unkundigen Mru brachen ab – das Folgende sind also Erinnerungen an die Vergangenheit. Wie weit die Kultur der Mru heute noch lebendig ist, weiß ich nicht. Sicher weiß ich jedoch, daß die Mru keine glücklichen Naturkinder in einem abgeschiedenen, paradiesischen Winkel der Erde sind oder waren, sondern ehrliche Menschen, deren Lebensbedingungen nie leicht waren, die seit Jahrzehnten entrechtet, schikaniert und ausgebeutet wurden, deren Überlebenschancen aber noch nie so prekär waren wie heute, da ihnen ihr Lebensraum von den ihnen zahlen- und machtmäßig weit überlegenen bengalischen Nachbarn streitig gemacht wird.

Die ersten Photographien aus Mru-Dörfern südlich Bandarban, aufgenommen von J. P. Mills 1926.
Khaitung-Kua: Dorfplatz mit Opferpfählen (rechts oben), Frau beim Reisstampfen (links oben) und Worfeln (rechts Mitte).
Yimpu-Kua: Mann mit Ohrringen und Armreif (links unten). Häuser, im Vordergrund Saatgärtchen und Einhegung eines jungen Obstbaums (rechts unten).

Die Chittagong Hill Tracts
Lebensraum der Mru

Zu dem Wenigen, was über die Chittagong Hill Tracts unbestreitbar gesagt werden kann, gehört, daß sie umgeben sind von der schmalen Chittagong-Ebene am Golf von Bengalen im Westen, den indischen Unionsstaaten Tripura im Norden und Mizoram im Osten, sowie schließlich vom burmanischen Arakan im Südosten und Süden; daß sie zwischen 91° 45′ und 92° 50′ östlicher sowie 21° 35′ und 23° 45′ nördlicher Breite gelegen sind, bei der Teilung Britisch-Indiens dem östlichen Flügel Pakistans zugeschlagen wurden und seit der Unabhängigkeit Bangladeshs von diesem als sein Territorium betrachtet werden.

Die in Arakan bis ans Meer stoßenden westlichen Ketten des großen Gebirgsmassivs, das als nach Süden geknickte Fortsetzung des Himalaya Assam und Arakan durchzieht, steigen im Hinterland Chittagongs von sehr bescheidenen Höhen in drei bis vier Zügen allmählich nach Osten an. Die ungefähr nord-südlich verlaufenden Hügel- und Bergketten werden von den zwischen ihnen abfließenden Gewässern gelegentlich nach Westen durchbrochen: der Feni im Norden (zugleich Grenzfluß zu Tripura), der Kornofuli mit zahlreichen Zuflüssen als größter Fluß in der Mitte, der Songu im mittleren und der Matamuri im äußeren Süden sind, sofern man nicht die Berge übersteigen will, die Aus- und Einfallstore der Hill Tracts. An der Mündung des Kornofuli liegt Chittagong, die größte Hafenstadt Bangladeshs.

Wer die Bergwege wählt, hat im Süden wesentlich steilere Hänge zu bewältigen als im Norden. Im Südosten markiert die höchste Erhebung, der Kyokra-Tong (burmanisch: steiniger Berg), dessen Gipfel über 1300 m ansteigt, zugleich das Dreiländereck zwischen Indien (Assam), Bangladesh und Burma (Arakan). Im allgemeinen steigen die Ketten aus einem 100–300 m hohen Hügelland jedoch nur bis zu 600–800 m auf. Der Tonschiefer und lateritisierte Sandstein, aus dem sie bestehen, bildet nur an wenigen Stellen härteres Gestein: lägen die Hänge offen, würden sie von den Monsunregen bald ausgewaschen und in Geröllhalden verwandelt. Feldbau ist hier also nur möglich, solange der Boden selbst nicht aufgerissen und bewegt wird. Wie das geschieht, werden wir später sehen.

Während zwischen Oktober und April fast immer schönes Wetter herrscht, überziehen von Mai bis September (mit Maximum im Juni und Juli) die Monsunregen, gelegentlich von Taifunen begleitet, das Gebiet. Mit einem (allerdings durch fortschreitende Entwaldung rückläufigen) Jahresdurchschnitt von 2,5 m Niederschlag gehören die Hill Tracts zu den Gegenden mit den höchsten Niederschlagsmengen überhaupt. Das mit über 10 Metern die Weltspitze haltende Cherrapunji liegt etwas nördlich der Hill Tracts im westassamesischen Bergland. Jedoch nicht nur während der Regenzeit beträgt die relative Luftfeuchtigkeit fast immer zwischen 90 und 100 Prozent, auch während der Trockenzeit liegen die Täler, oft nur von kurzen Aufhellungen über Mittag durchbrochen, in einem Nebel, der nachts das Wasser von den Bäumen tropfen läßt. Über die Bergketten hingegen bläst der trockene Nordostmonsun, die Nächte sind hier meist klar und in den kalten Monaten Januar und Februar, wenn die

Temperaturen in den Ebenen und Tälern auf unter 10° absinken können, um fünf bis sieben Grad wärmer, dafür in der heißen Zeit (Ende März bis zum Einsetzen des Regens) um ein paar Grad kälter. In den Tälern kann die Temperatur im April über Mittag auf 40 und mehr Grad klettern; da damit aber auch die Luftfeuchtigkeit sinkt, sind diese Mittage vergleichsweise noch angenehm gegen die Nachmittage und Abende, wenn sich auch in dieser Jahreszeit noch die Nebel wieder einstellen, dann aber einen Europäer ganz und gar nicht an die heimatlichen November, sondern vielmehr an eine Sauna erinnern, mit dem einen kleinen Unterschied, daß es nirgendwo eine Tür gibt, durch die man entrinnen kann, und dem anderen, daß sich im zivilisierten Saunadampf keine Wolken von Sandflieger und Malariamücken tummeln.

Die einsetzenden Monsunregen bringen hinsichtlich der Hitze etwas Erleichterung – das Thermometer hält sich in den Monsunmonaten Tag und Nacht auf etwa 28 bis 30 Grad, nur Dauerregen drückt es noch weiter herab –, gleichzeitig spülen sie während der Trockenmonate kaum in die Erdoberfläche eingedrungenen Unrat aus; alle Welt hat Darmbeschwerden, meist in Form von Amöbenruhr; Kleinkinder sterben zu dieser Zeit an der daraus folgenden Dehydration. Daß es in den Hill Tracts niemanden gibt, der nicht an Malaria leidet, sollte nach dem vorher Gesagten ebenso klar sein, wie daß während der kalten Monate Erkältungskrankheiten allgemein verbreitet sind (nachts hört man sogar die Affen auf den Bäumen husten), ganz abgesehen davon, daß Tuberkulose nicht selten ist, bis vor wenigen Jahren Cholera- und Pockenepidemien zu den alljährlich wiederkehrenden Plagen gehörten und sich hin und wieder auch ein Leprakranker findet. Die chronische Malaria führt zu periodisch schmerzhaften Milzvergrößerungen, doch lassen sich diese, wie auch die Mückenstiche und Blutegelbisse, ertragen; Amöben allerdings können sich mit der Zeit durch die Darmwand fressen, über das Rückenmark ins

Gehirn eindringen und Irresein verursachen. Das landesübliche (und zum Teil offiziell von den Ärzten verschriebene) Mittel gegen die Ruhr ist Opium, das Sucht erzeugt und dann die Menschen nicht nur physisch, sondern auch moralisch zerstört – dies ist jedenfalls die Meinung der Mru, die sich bitter beschwerten, daß die Regierung ihnen die heilenden Mittel vorenthielt, um ihnen statt dessen teures Gift zu verkaufen. Wir werden gleich auf diese Tendenz der Politik zurückkommen.

Angesichts der eben genannten klimatischen und der damit verbundenen gesundheitlichen Verhältnisse wundert es nicht, wenn ein früherer Autor das Klima der Hill Tracts ‹tödlich› nannte. Dennoch wuchs die Bevölkerung jährlich um etwa zwei Prozent. Diese Rate liegt zwar wesentlich unter der der bengalischen Ebene, reicht jedoch aus, um die Bevölkerung in den letzten hundert Jahren – trotz einiger Abwanderungen in den letzten Jahrzehnten – auf das Fünffache wachsen zu lassen. Waren die Täler vor 130 Jahren an manchen Stellen noch fast menschenleer, so sind sie heute, unter den derzeitigen Bedingungen der Landnutzung, übervölkert; der einstige Urwald ist hier längst verschwunden, und vielerorts breitet sich schon eine unfruchtbare Grassavanne aus – was die Regierung allerdings nicht hinderte, nochmals Hunderttausende von landlosen Bengalen aus der Ebene in das Bergland umzusiedeln, um dort unter Militärschutz der alteingesessenen Bevölkerung den Boden streitig zu machen.

Die hiermit angedeutete fundamentale Opposition zwischen Ebenen- und Bergbevölkerung hat ihre lange Geschichte. Sicherlich können die Hill Tracts geographisch als das Hinterland Chittagongs bezeichnet werden, aber noch vor dreißig Jahren konnte man zwischen der Ebene und den Bergen eine kulturell bedeutungsvolle Grenze überschreiten: diejenige zwischen Vorder- und Hinterindien, zwischen Bevölkerungen indoeuropäischer Sprache und mediterraner

Chittagong und die Chittagong Hill Tracts.

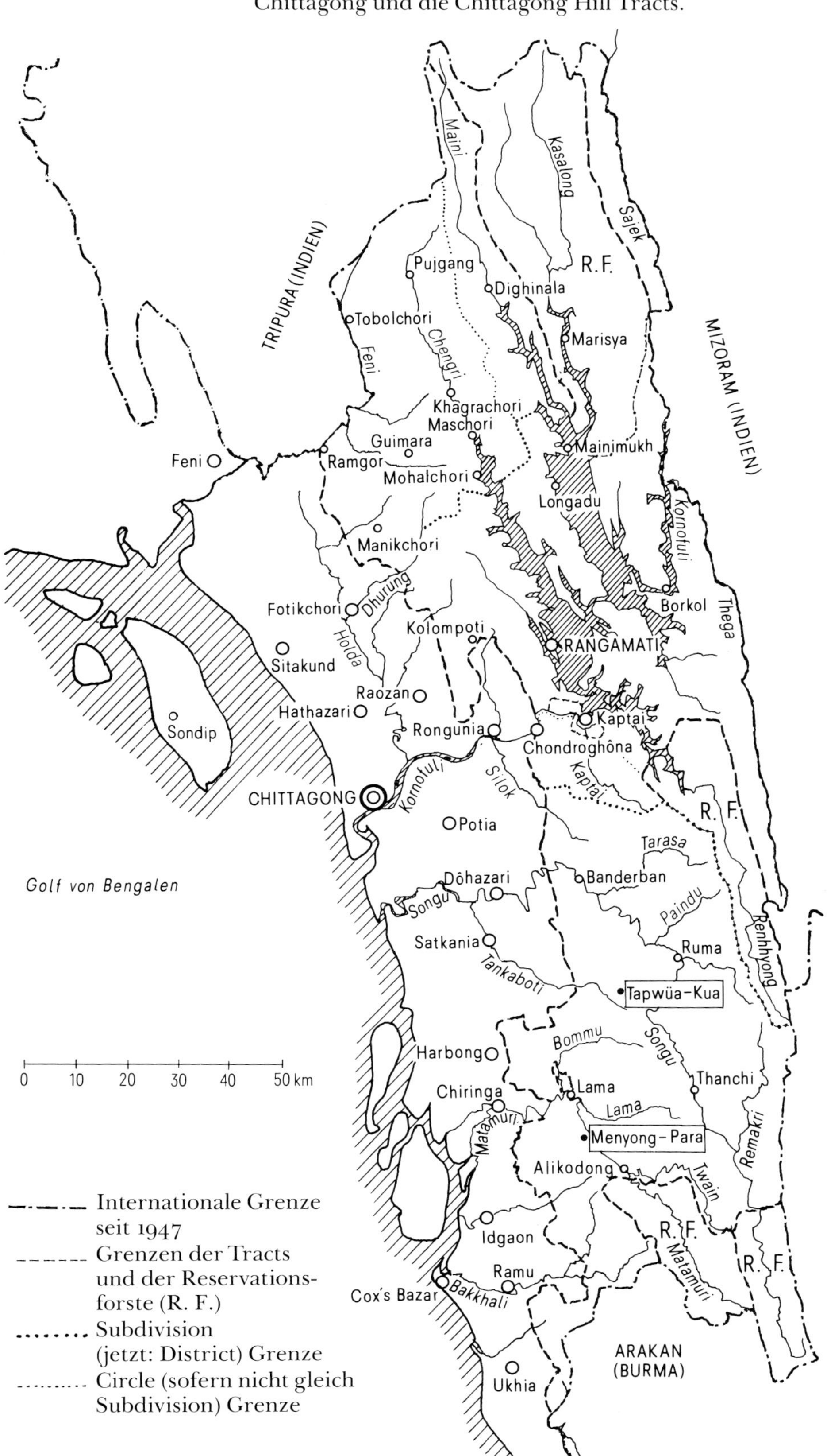

Rasse in der Ebene und solchen sinotibetischer Sprachen und mongoloider Rasse in den Bergen. Diese Grenze war zusätzlich dadurch akzentuiert, daß die Bewohner der Ebene seit langer Zeit Untertanen eines Staates waren, die Bergbewohner hingegen sich traditionell als ihre eigenen Herren fühlten. Aber so scharf war diese Grenze nicht immer. Vor 1666 herrschten über 200 Jahre lang die Könige von Arakan auch über Chittagong. Wer ihnen diese Herrschaft gelegentlich streitig machte, waren die Könige von Tripura, deren Untertanen nicht minder der ‹gelben Rasse› angehörten und sich einer sinotibetischen Sprache bedienten wie die Arakaner. Die Gebiete nördlich Chittagongs, bis hinauf nach Dhaka, wurden von portugiesischen Söldnern geplündert, die in arakanischen Diensten standen und in Chittagong stationiert waren. Die einheimische Bevölkerung, soweit sie nicht nach Arakan in die Sklaverei verbracht wurde, floh weiter nach Norden. Inwiefern damals schon Bengalen in der Chittagong-Ebene wohnten, bleibt ebenso unsicher wie die Antwort auf die Frage, wer damals, wenn überhaupt, im Bergland siedelte. In dem relativ abgeflachten, breittaligen nördlichen Teil mag sich zeitweilig die Residenz des Königs von Tripura befunden haben. Die Tipera genannte Bevölkerung lebt nicht nur im heutigen indischen Unionsstaat Tripura, sondern stellte lange Zeit auch die Majorität im angrenzenden Norden der Chittagong Hill Tracts. Erst in den letzten Jahrzehnten wurden die Tipera, nicht zuletzt deshalb, weil sie sich zum Hinduismus bekennen, durch Zwangseinsiedlung von bengalischen Muslim immer mehr über die Grenze nach Norden abgedrängt.

In den südlichen Teilen der Hill Tracts verweisen Flußnamen auf eine Vorbevölkerung, deren Sprache heute nicht mehr existiert – ob diese in den Chakma aufgegangen ist, bleibt ebenso fraglich wie die Geschichte dieser Chakma überhaupt. Einerseits sind sie in manchen Zügen ihrer Kultur ihren nördlichen Nachbarn, den Tipera, sehr ähnlich.

Andererseits spricht manches dafür, daß sie etwas mit den Sak (oder Chak) zu tun haben könnten, einer kleinen Gruppe ganz im Süden der Hill Tracts, deren sprachlich nächste Verwandte in Zentralburma zu suchen sind. Dort bildeten die Sak, wie wir aus den burmanischen Chroniken wissen, einst ein großes Reich. Die Chakma selber sprechen jedoch nicht Sak, sondern einen Dialekt des Bengali, obschon sie mit den Bengalen rassisch nichts zu tun haben, sondern eindeutig ‹östlicher› Abstammung sind. Dieser Dialekt des Bengali ist den Bengalen der Chittagong-Ebene weitgehend unverständlich und wurde traditionell nicht mit bengalischen Schriftzeichen geschrieben, sondern in einer nur den Chakma eigenen (und den Sak unbekannten) Schrift, die fälschlich der Khmerschrift Kambodschas zugerechnet wurde, jedoch eher mit der burmanischen Schrift verwandt ist. Dort, wo im Bengali von Hindu und Muslim unterschiedliche Wörter zur Bezeichnung derselben Sache gebraucht werden, folgen die Chakma eher dem Hindu-Usus, auch benutzen sie, wie die Tipera, hinduistische Vornamen. Auch in ihrer Religion sind hinduistische Anklänge zu finden, offiziell bekennen sie sich jedoch, wie die aus Arakan stammenden Marma, zum Buddhismus.

Den eigenen Traditionen zufolge wohnten einige Sippen der Chakma im 17. Jahrhundert am oberen Matamuri, also in den südlichen Hill Tracts; doch mögen Chakma einst auch das Ebenenvorland besiedelt haben: Ein Epos bginnt mit dem ‹Auszug aus Chittagong› in Richtung Osten, also Richtung Bergland; ein solches Ereignis ist vielleicht in die Zeit nach 1600 zu datieren. Aber auch einige Marma zogen, ihrer Tradition nach, aus der Chittagong-Ebene in die Täler des Berglandes, nachdem die Ebene 1666 von den Muslim erobert und dem Mogulreich einverleibt worden war. Über die Herkunft der Marma besteht im übrigen kein Zweifel; bereits ihre Eigenbezeichnung weist auf ihre Verwandtschaft mit Arakan und Burma hin – ‹Marma› wie ‹Burma› (oder in der englischen Aus-

sprache gleichlautend ‹Birma›, in einer Eindeutschung auch ‹Barma› geschrieben) gehen auf die altburmanische Eigenbezeichnung ‹Mranma› zurück. Und wenn die Marma von den Bengalen bis heute ‹Mogh› (auch ‹Magh› geschrieben) genannt werden, so erscheint dieser heute als pejorativ empfundene Ausdruck schon in den alten Quellen über Chittagong und Arakan, dort allerdings noch mit respektvoller Angst vermischt und als Wort von der gleichen persischen Quelle wie unser ‹Magier› abgeleitet.

Das besagt nun aber nicht, daß die heutigen Marma alle Nachkommen der einstigen Herren der Chittagong-Ebene wären, auch wenn der ‹Bohmong› (Feldherr) genannte Raja der Marma in den südlichen Hill Tracts den Anspruch erheben mag, vom Schwager des ehemaligen Königs von Arakan abzustammen. (Dieser Schwager war nicht burmanischer, sondern peguanischer Herkunft und vom König als Gouverneur in Chittagong eingesetzt worden.) Vielmehr zogen die meisten Marma-Vorfahren aus Arakan aus, als das dortige Königreich verfiel und 1784 dem burmanischen Reich einverleibt wurde, das heißt zu einer Zeit, in der bereits die Ostindische Kompanie (1760) die Verwaltung des Chittagong-Gebietes übernommen hatte. Wiederholte, aber vergebliche Versuche der Befreiung von der neuen burmanischen Herrschaft brachten immer mehr Flüchtlinge in das englisch kontrollierte Gebiet; ein Bericht spricht von 10 000 Flüchtlingen allein 1798, und neben Marma werden auch Chakma und andere Bergstämme erwähnt. Eine der Marma-Gruppen wanderte von einem Nebenfluß des Koladan in Arakan ab und erreichte über Zwischenhalte am Matamuri und in den flachen Hügeln der Ebene nördlich von Chittagong gegen 1830 ihren jetzigen Wohnsitz im nördlichen Teil der Hill Tracts. Aber auch in der südlichen Chittagong-Ebene, in Cox's Bazar und dessen Hinterland, wohnten Marma. Hier sind die Bengalen die Neuzuzügler, und seit dem Ende der Kolonialzeit überlassen ihnen immer

Das Grenzgebiet zwischen Bangladesh, Indien (Assam) und Burma. Noch vor 1700 wanderten Sak, Marma, Tipera und Bengalen ins Chittagong-Gebiet ein. Die Chakma formierten sich, Mru zogen vom Norden Arakans in den Süden der Chittagong-Berge.

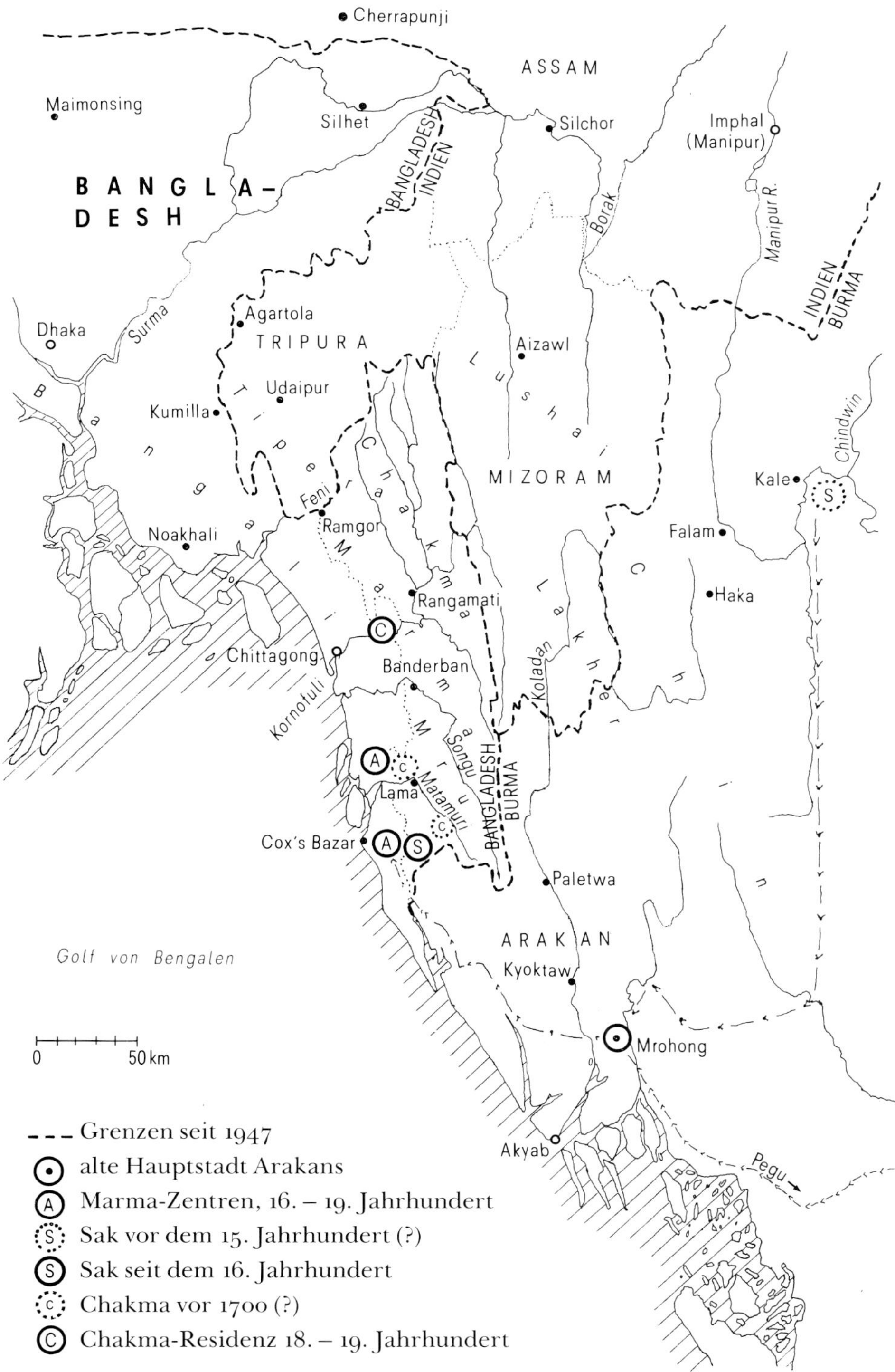

mehr Marma hier ihre Besitztümer und suchen nun wieder Schutz und Sicherheit in Arakan und Burma. Vom Exodus zeugt der Verfall der einst prächtigen, in Teakholz aufgerichteten buddhistischen Tempel, während zugleich neue Moscheen hochgezogen werden. Nicht daß Buddhisten als solche verfolgt würden – in der Chittagong-Ebene findet sich eine nicht unbedeutende Minorität buddhistischer Bengalen, die in den älteren Quellen zum Teil den Marma zugerechnet und als Marma-gri bezeichnet werden, sich jedoch selbst als Borua bezeichnen und als solche in Kalkutta einen Namen als Köche genießen, ansonsten aber zu den eher gebildeten und durchaus geachteten Schichten der Chittagong-Ebene gehören. Ein Borua erscheint auch in der Chronik des Raja-Hauses der Chakma als Chakma-Raja.

Die Tipera im Norden (ohne eigenen Raja, sofern man sie nicht dem Raja des indischen Unionsstaates Tripura zuordnen will), die Chakma (mit eigenem Raja) in der Mitte und im Nordosten und die Marma (mit je einem Raja) im Süden und Nordwesten sind die drei Hauptethnien, die die Täler der Chittagong Hill Tracts bewohnen, und die Reihenfolge ihrer Nennung entspricht ungefähr auch der ihres Einzuges in die Chittagong Hill Tracts. Was die Geschichte der Rajahäuser anbelangt, so verliert sie sich vor 1750 im Dunkeln. Im Fall der Chakma scheint erst die Mogulherrschaft, im Falle der Marma sogar erst die englische Verwaltung die Position der Raja konsolidiert zu haben; zuvor hatte jede Regionalgruppe der beiden Ethnien ihre eigenen Repräsentanten. Für die muslimische wie die englische Verwaltung produzierten die Hill Tracts einen interessanten Rohstoff: Baumwolle. Die Bewohner der Hill Tracts ihrerseits waren für Eisen und Salz auf die Ebene angewiesen. Indem die Ebenenherrscher diese Zufuhr sperrten und den Handel nur nach Entrichtung eines Baumwolltributs gestatteten, ja das Handelsmonopol meistbietend verpachteten, kam es in den Bergen zu einer fortschreitenden Hierarchi-

Der Bohmong (Raja der Marma) mit Gefolge vor dem Rajbari in Bandarban.

sierung und Eliminierung der als Mittelsmänner fungierenden Gruppenanführer. Das Rennen machten diejenigen, die an den beiden Haupteinfallstoren zu den Hill Tracts, den Orten, wo Kornofuli und Songu in die Ebene fließen, ihre Residenz aufgeschlagen hatten. Sie waren es, denen die Engländer, nach der Errichtung einer eigenen Verwaltung über die Hill Tracts 1860, schließlich auch die Steuereinziehung von allen Bewohnern der südlichen und mittleren Region zuschoben. Erst wenige Jahre zuvor hatten sich die nördlichen Marma soweit etabliert, daß sie sich einen eigenen Raja kürten, und da die Engländer der damals amtierenden und wenig unterwürfigen Rani der Chakma nicht zuviel zugestehen wollten, wurde diesem ‹Mong-Raja› (von burm. mâng, Herrscher) schließlich die nördliche Region zugesprochen.

So entstanden der Mong Circle im Norden (mit Verwaltungssitz in Ramgor, Rajbari in Manikchori), der Chakma Circle in der Mitte (mit Verwaltungssitz und Rajbari in Rangamati, zugleich Hauptort der Chittagong Hill Tracts) und der Bohmong Circle im Süden (mit Verwaltungssitz und Rajbari in Bandarban). Zugleich mit dem ihnen zugestandenen Anteil am Steueraufkommen betraute die Kolonialverwaltung diese Raja (jetzt offiziell ‹Chiefs› genannt) auch mit der nachgeordneten Rechtsprechung und mit der Wahl der Vorsteher (der ‹Headmen›) der neugeschaffenen kleinsten Verwaltungseinheiten (der ‹Mouza›), und zwar ebenfalls unabhängig von der ethnischen Zugehörigkeit der Betroffenen.

Daß die Raja sich bei diesen Aufgaben kräftig bereicherten, entging der Verwaltung nicht, doch trotz grundlegender Änderungsvorschläge überdauerte das System die Kolonialzeit. Insbesondere die Marma-Chiefs wurden von den ihnen Unterstellten (einschließlich der Marma selber) eher als Ausbeuter denn als ihre Repräsentanten betrachtet. Eine Gruppe der Chakma, die Tongcengya (auch

‹Tontsongya› oder ‹Tanchangya› geschrieben), erkennt den Chakma-Raja traditionell nicht als ihr Oberhaupt an; doch konnte sich ein Chakma-Chief als Repräsentant der gesamten Hill Tracts auch demokratisch legitimieren: während 1971 ganz Bengalen die Awami-Partei Mujib-ur-Rahmans wählte und

Ein junger Headman der Marma hat sein Einsetzungsfest gegeben. Nun erhalten er und seine Frau die Segenswünsche der Verwandten. Sie streuen ihnen etwas Puffreis übers Haupt und streifen ihnen weiße Baumwollfäden über die rechte Hand.

damit das Zeichen zum Unabhängigkeitskampf setzte, entsandten die Wähler der Hill Tracts allein den Chakma-Chief Tridiv Roy als ihren Vertreter in das pakistanische Parlament. Mit seiner Wahl akzeptierte der Chakma-Chief sein Exil in Pakistan, während diejenigen, die ihn gewählt hatten, gegen ihren Willen dem neuen Bangladesh einverleibt wurden.

Aber wir sind den Ereignissen vorangeeilt. Kehren wir noch einmal zum Beginn der Kolonialzeit zurück. Sicherlich verdanken die Raja ihren Aufstieg ihrer Mittlerrolle zwischen den Bewohnern der Hill Tracts und den Repräsentanten des ihnen fremden Staates in Chittagong. Aber sie waren kaum je gute Staatsdiener. Die ihnen abverlangten Tributzahlungen erbrachten sie eher zögernd und unregelmäßig. Östlich von ihrem Gebiet wohnten die in den alten Quellen meist generell als Kuki bezeichneten Bergvölker, die sich durch Raubzüge bis in den Verwaltungsdistrikt hinein einen Namen

machten: die Raja erhielten Geld und Waffen, um ihre Attacken abzuwehren – aber gelegentlich paktierten sie auch mit ihnen. Dies gab den Engländern dann den Vorwand, in den Bergen ab 1860 selber nach dem Rechten zu schauen. Ein Fünftel des nunmehr als ‹District of the Hill Tracts of Chittagong› einem Superintendenten (ab 1919 Deputy Commissioner) unterstellten Gebietes wurde ab 1880 zum Reservationsforst erklärt (es ist durchaus möglich, daß damals dort faktisch niemand wohnte), der Rest wurde um 1900 in über dreihundert Verwaltungseinheiten (die ‹Mouza›) zerlegt. Diese sollten den dörflichen Verwaltungseinheiten der Ebene entsprechen, in den Bergen jedoch faßten sie ziemlich willkürlich eine unterschiedliche Anzahl kleiner Dörfer, unabhängig von deren ethnischer Zugehörigkeit, zu einer Einheit zusammen. Den ihnen vorstehenden ‹Headmen› oblag die lokale Steuereinziehung (von der ihnen ein Anteil zustand) und die Schlichtung kleiner Streitigkeiten. In den ansonsten selbständigen Dörfern der Mouza fungierten die ‹Karbari› (Geschäftsführer), von den Dörflern zu diesem Amt bestimmt, ohne Entgelt. Die Kontrolle funktionierte, und die Einwohner der Hill Tracts erwiesen sich als friedliche Menschen.

Ärger bereiteten jedoch weiterhin die freien Bergstämme des Ostens, vor allem die nach Nordwesten vorstoßenden Lushai, die sich den alten ‹Kuki› überlagerten, und südlich von ihnen die sogenannten Shendu (Lakher, Poi u.a.). Nicht nur im Chittagong-Gebiet, auch in Arakan, Tripura und nordöstlich davon (in Kachar und Manipur) fürchtete man ihre Überfälle. Die Schwäche der Lushai und der ihnen verwandten Gruppen war, daß sie sich auch in wechselnden Allianzen untereinander bekämpften und bereit waren, auch die Engländer in dieses Spiel einzubeziehen. Nach 50 Jahren zum Teil schmerzhafter Erfahrungen im Kleinkrieg setzten die Engländer schließlich von Westen, Norden und Osten her große Truppenverbände ein und brannten jedes Dorf nieder, dessen Chef

31

Zwei Exportgüter der Chittagong Hill Tracts: Bambus und Baumwolle. Die Bambusrohre werden zu langen Flößen zusammengebunden, die hier zugleich dem Abtransport der mit Rohbaumwolle gefüllten Körbe dienen. Es ist Anfang Januar: die Flüsse führen jetzt wenig Wasser, doch erkennt man am Uferbewuchs noch den Wasserstand der vergangenen Regenzeit.

ihnen nicht vertrauenswürdig erschien, um so die unbotmäßigen Lushai, die nur einmal im Jahr ernten konnten, auszuhungern und niederzuzwingen. 1898 wurde das Lushai-Land der Provinz Assam zugeschlagen; 20 Jahre später mußte sich auch der südlich davon siedelnde Teil der ‹Shendu›, die Lakher, unterwerfen, und zur besseren Kontrolle wurde ihr Land 1924 zwischen den Chin-Hills, den Arakan-Hills und den Lushai-Hills aufgeteilt, was zur Folge hatte, daß auch sie 1947 bei der Teilung Britisch-Indiens zwei Staaten zugeschlagen wurden: Indien und Burma.

Nach der ‹Befriedung› des Berglandes durch die Engländer wandten sich die Lushai sehr rasch dem Christentum zu und zogen jetzt, statt mit Waffengewalt, mit der Bibel aus, den Nachbarn ihre neue Kultur zu bringen. Die Gemeinschaft vergrößerte sich rasch und zog schließlich die Konsequenz: Die Lushai waren einst nur ein Stamm gewesen, jetzt waren es Hunderttausende von Christen; der

alte Name schien unpassend; als neuer umfassender Begriff wurde ‹Mizo› (zu deutsch etwa: Bergleute) eingeführt. Als Lushai hatten sie die Oberhoheit der Engländer akzeptieren müssen, als christliche Mizo bewiesen sie den Engländern wieder ihre Gleichwertigkeit. Daß sie beim Abzug der Engländer und der Teilung Britisch-Indiens nicht auch die Unabhängigkeit erhielten, sondern den Indern unterstellt wurden, ließ sie, nach dem Vorbild ihrer ebenfalls um ihre Unabhängigkeit gebrachten nördlichen Brüder, der Naga, schließlich wieder zu den Waffen greifen; darin wurden sie unterstützt vom anderen Partner der Teilung: Pakistan.

Den Lushai in den Chittagong Hill Tracts kulturell am nächsten verwandt sind die (sprachlich wohl den sogenannten Alten Kuki anzuschliessenden) Pangkhua und die Bawm, eine während des 18. Jahrhunderts unter Führung einer ‹Shendu›-Aristokratie neu entstandene Ethnie, in der Teile anderer Stämme aufgegangen sind. (Die in der ältere Literatur verwendete Bezeichnung ‹Banjogi› ist eine bengalische Verballhornung – ‹Wald-Yogi› – von Bawm-Zo, der mit den englischen Lautwerten zu sprechenden Eigenbezeichnung.) Das aristokratische Geschlecht, das die Bawm vereinigt hatte, starb bereits Anfang dieses Jahrhunderts aus, und die soziale Hierarchisierung bildete sich, nicht zuletzt nach der Missionierung durch die Lushai, wieder zurück. Ohne die Grenzziehung zwischen Indien und Pakistan (Bangladesh) wären die Bawm wohl letztlich auch in den Mizo aufgegangen. So indessen wuchs die kleine Ethnie zwischen 1960 und 1970 während des Mizo-Unabhängigkeitskampfes durch Zuzügler aus dem kriegsgeplagten Nachbarland von 3500 Leuten auf das Doppelte. Die in den zwanziger Jahren von den Lushai in den Hill Tracts eingeleitete Missionierung wird jetzt von den Bawm und der von ihnen gegründeten Christlichen Kirche der Chittagong Hill Tracts eigenständig weitergeführt. Von der Mission angesprochen fühlen sich am ehesten die anderen kleinen Ethnien der Hill Tracts: Khumi, Tongcengya, Brong, Khyang und schließlich auch die Mru.

Zwischen den eindeutigen Bergbewohnern östlicher Herkunft (Lushai, Pangkhua und Bawm), die es nie in die Täler zieht, deren Dörfer sich dementsprechend fast immer auf den Höhen befinden, und den eindeutigen Talbewohnern (Chakma, Marma und Tipera), die nur Bodenmangel höher hinaufziehen läßt, finden sich diese kleinen Ethnien vorwiegend in der Übergangszone, sowohl in der Talsohle kleiner Bäche wie auch auf den Höhen. Die größte dieser Ethnien bilden die Mru. Von den Bengalen werden sie als Murong oder Murung und von den Marma als Mro bezeichnet. Sie selbst nennen sich Mru oder Mru-tsa («Menschen-Kinder»). Sie bewohnen ein relativ geschlossenes Gebiet im Süden der Hill Tracts, in das sie, ihrem eigenen Wissen nach, vor einigen hundert Jahren von Arakan her eingewandert sind. Vielleicht mehr als die Hälfte der Mru wohnt noch

>
Bawm-Mann in alter Tracht

>>
Marma-Ruatsa. Sein Sohn wurde Headman.

heute dort – die arakanischen Chroniken verzeichnen sie bereits im 1. Jahrtausend und kennen im 10. Jahrhundert sogar einen Mru-Herrscher über Arakan. Die Sprache der Mru läßt sich weder der burmanischen Sprachgruppe noch den Naga-Chin-Sprachen (zu denen neben Lushai, Bawm und Pangkhua auch Khumi und Khyang gehören) zuweisen, darf also einen eigenständigen Status im Rahmen der tibeto-burmanischen Sprachen beanspruchen. Die Mru des Chittagong-Gebietes teilen sich in fünf, sich sprachlich und kulturell etwas unterscheidende Gruppen: die Anok (eigentlich ‹West›, heute jedoch nördlichste Gruppe, südlich Bandarban), die Chüngma (‹Bergler›, deren Nordteil sich den Anok angeschlossen hat, während der Südteil, im oberen Songu-Tal, sich mit dem Khumi-Wort für die Mru als Longhu bezeichnet und im Hausbau und Festwesen den Khumi folgt), die Dömrong (die Gruppe der ‹Niederungen› am Westabhang und nördlich des Matamuri) und schließlich die Dopreng und Rümma (‹Wäldler›) ganz im Süden bis nach Arakan.

Die den Mru kulturell am nächsten stehende Ethnie sind die Khumi, die im äußersten Südosten der Hills nur ein relativ schwaches Kontingent stellen, in Arakan jedoch eine starke, wenn auch der westlichen Wissenschaft weitgehend unbekannte Ethnie von mehreren 10 000 Leuten bilden. Auch eine kleine Gruppe der den Khumi engstens verwandten Khami muß aus Arakan in die Hill Tracts eingewandert sein; sie sind heute als Rengmittsa in den Mru am oberen Matamuri aufgegangen. Sie kennen zwar noch zum Teil ihre alte Sprache, wissen jedoch nichts von den Khami in Arakan.

Was die kleine Gruppe der Khyang betrifft, so beansprucht sie zwar, gemäß einer Quelle, schon immer in den Hill Tracts gewohnt zu haben, ihre Sprache weist sie jedoch den südlichsten Chin in Arakan zu. (‹Chin› ist die anglisierte Form der hochburmanischen Aussprache von ‹Khyang›.) Die Khyang wohnen umgeben von Marma in der Gegend zwischen Bohmong- und Chakma-Circle und haben auch die Kultur der Marma weitgehend übernommen; möglicherweise sind sie auch zusammen mit ihnen zur Zeit der Expansion des burmanischen Reiches hierher gekommen.

Verbleiben die – von den Marma Mrun(g) genannten und deshalb gelegentlich mit den auf Bengalisch Murung genannten Mru ver

34

wechselten – Brong, die den in den nördlichen Hill Tracts und vor allem im indischen Unionsstaat Tripura wohnenden Riang anzuschließen sind, und die Tongcengya, die von den älteren Quellen oft als Doi(n)gnak bezeichnet werden. Erstere sprechen Tipera (eine Sprache, die zur tibeto-burmanischen Bodo-Gruppe in Assam gehört), die anderen, wie bereits erwähnt, Chakma-Bengali. Die eigentlichen Tipera erkennen jedoch als Kastenhindu die Brong und Riang nicht als ihresgleichen an; die Tongcengya ihrerseits legen Wert darauf, nicht den Chakma zugerechnet zu werden. (Tong-cen ist ein Marma-Wort für ‹Bergsippe›, ‹Doingna(k)› ist die Marma-Aussprache ihrer Bezeichnung im Mru: ‹Dengnak›.) Beide Gruppen gelten im Vergleich zu den Talbewohnern, deren Sprache sie sprechen, als ‹Bergler› (mit dem Sinn einer gewissen Rückständigkeit); Tongcengya finden sich im eigentlichen Chakma-Gebiet, aber auch, neben den Marma, im äußersten Süden der Hill Tracts an der Grenze zu Arakan (eine alte Quelle berichtet von Dengnak, die aus dem arakanischen Bergland kamen, aber auch dahin wieder zurückwanderten); die Brong hingegen leben, räumlich getrennt von den Tipera, weit verstreut in den südlichen Hill Tracts; möglicherweise haben sie sich hier, von Norden kommend, überall da niedergelassen, wo sie noch ein freies Plätzchen fanden.

Es darf als unwahrscheinlich gelten, daß es sich bei diesen beiden Gruppen um zu Berglern ‹herabgesunkene› Tipera bzw. Chakma handelt – wahrscheinlicher ist, daß sie sich zwar weitgehend den zivilisierten Talbewohnern assimiliert haben, jedoch eigentlich die ‹Ureinwohner› darstellen, mit den Riang/Brong ehemals im nördlichen, den Tongcengya/Dengnak ehemals im südlichen Teil der Hill Tracts. Diese Verteilung orientiert sich an den Einflußzonen der Tipera und Chakma vor dem massiven Einzug der Marma, also etwa im 17. Jahrhundert. Da um diese Zeit aber auch bereits Mru in die südli-

> Lushai/Bawm-Mädchen mit selbstgewebtem Umhangtuch, das feiertags auch als Rock getragen wird.

>> Die Röcke der Khumi-Frauen sind etwas länger, die Ohrpflöcke etwas größer als die der Mru.

chen Chittagong-Berge eingewandert sein
dürften, andererseits auch Dengnak nach
Arakan zogen, mögen diese frühen Beziehungen der beiden Ethnien die Existenz
eines isolierten, jedoch alten Traditionen in
besonderem Maße bewahrenden Mru-Dorfes
inmitten der Dengnak im Chakma-Circle
erklären helfen, ja, es kann nicht ausgeschlossen werden, daß auch Mru in den Dengnak
aufgegangen sind, obschon beide Kulturen
heute wenig Gemeinsamkeit zeigen.

Mit diesen kurzen, eine historische Einord-
nung versuchenden Angaben haben wir
einen ersten Überblick über die Ethnien der
Chittagong Hill Tracts gewonnen. Zählen wir
sie nochmals auf: es sind die einen Bengali-
Dialekt sprechenden Chakma mit den Tong-
cengya/Dengnak, die eine Bodo-Sprache
sprechenden Tipera mit den Riang/Brong,
die einen burmanischen Dialekt sprechenden
Marma; die Bawm, Pangkhua und Lushai,
deren Sprache dem mittleren Chin, und die
Khumi und Khyang, deren Sprachen dem
Süd-Chin zugerechnet werden, und schließlich die sprachlich eigenständigen Mru und
Sak, die sprachlich gleichwohl, wie Burma-
nen, Chin und Bodo, der großen tibeto-burmanischen (oder noch weitergreifend: sinotibetischen) Sprachfamilie zuzurechnen sind.
Zu diesen zwölf Ethnien kommen in neuerer
Zeit noch einige Santal (Vertreter einer Ethnie, deren Heimat sich in Westbengalen
befindet und deren Sprache weder zur indo-
europäischen noch zur sinotibetischen Familie gehört), einige Assamesen und vor allem
Bengali (vorwiegend Muslim, aber auch
einige Hindu und Borua, d. h. Buddhisten).
Alle diese sind versammelt in einem Areal,
das (einschließlich der Forstreservate) nur
13 000 km² umfaßt bzw. (ohne sie) etwa die
Größe des Elsaß hat.

In den südlichen Chittagong Hill Tracts —
und nirgends sonst auf unserer Erde — gibt es
Gebiete, in denen sich innerhalb eines Areals
von wenigen Quadratkilometern, nämlich
ein und derselben Mouza, Dörfer vier ver-
schiedener Ethnien völlig ·verschiedener

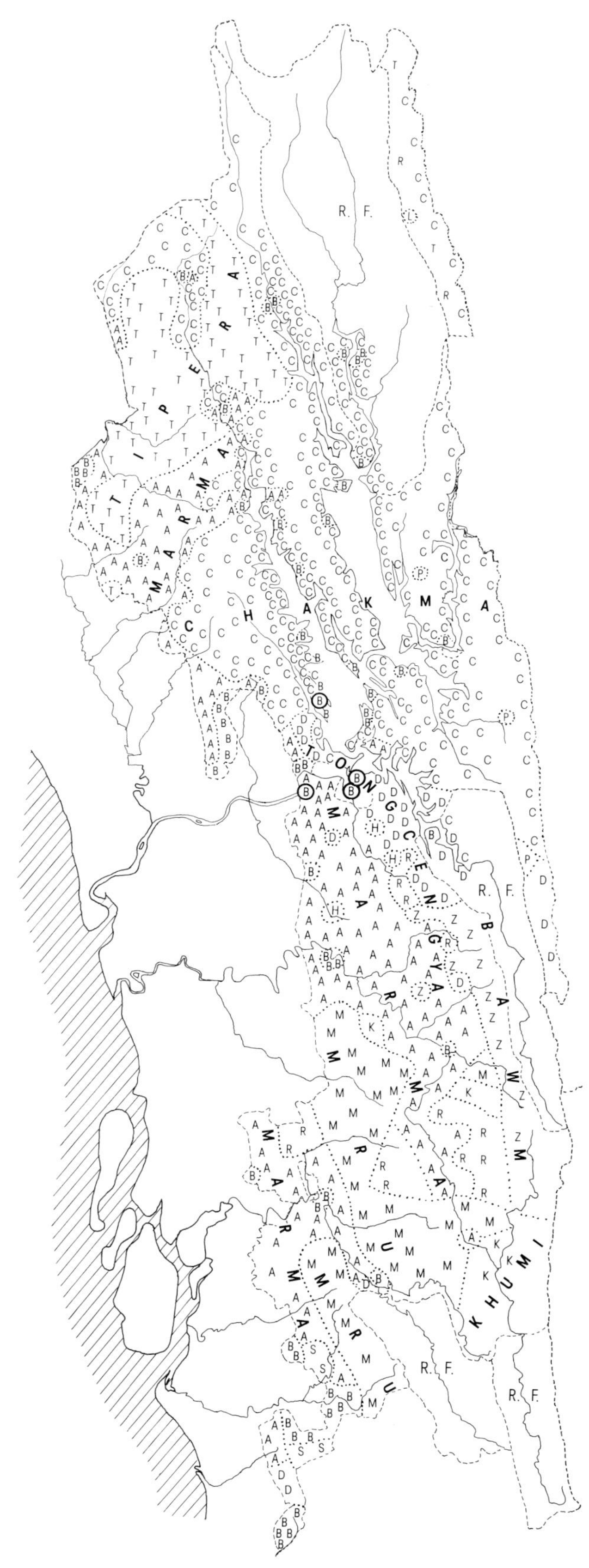

Wohngebiete der Ethnien
der Chittagong Hill
Tracts Anfang der
sechziger Jahre. Man
beachte die Zusammen-
drängung der Chakma
im Gefolge der Über-
flutung durch den
Stausee. Die zwischen
den Zeichen für die
Ethnien (je Zeichen etwa
500 Leute) gezogenen
Grenzen sollen nur die
Orientierung erleich-
tern, sie existieren weder
offiziell noch inoffiziell:
die Durchmischung der
Wohngebiete ist in Wirk-
lichkeit viel größer.

R. F. Reservationsforst
A Marma
B Bengali
C Chakma
D Tongcengya
  (Dengnak)
H Khyang (Hyou)
K Khumi
L Lushai
M Mru
P Pangkhua
R Riang/Brong
S Sak
T Tipera
Z Bawm-Zo
o 5000 Personen,
  vorwiegend Bengali

Sprache finden, mit jeweils anderen Hausty-
pen, anderer Kleidung, anderen Sitten und
anderer Religion (Buddhismus, Hinduismus,
Christentum und Animismus). Um sich dennoch miteinander verständigen zu können,
ist es, vor allem für die Angehörigen der kleinen Ethnien, nötig, mindestens eine weitere
Sprache hinlänglich zu beherrschen. Etwas
Bengali (in Form eines reduzierten Chitta-
gong-Dialekts) wird von den meisten verstanden, im Bohmong-Circle wird aber oft
Marma bevorzugt. Englisch, die Sprache der
einstigen Kolonialherren, ist nur jenen geläu-
fig, die eine höhere Schulbildung haben, d. h.
vor allem den bessergestellten Schichten der
Chakma und Marma, ansatzweise auch einigen Repräsentanten die christianisierten
Ethnien, d. h. vor allem der Bawm.

Die in einer bloßen Aufzählung erscheinende
Vielfalt täuscht jedoch insofern, als dabei die
Größe der Ethnien nicht berücksichtigt wird.
Hier müßten wir über Zahlenangaben verfügen, die aber vom offiziellen Census, der von
den Engländern 1871 zum ersten Mal eingeführt und seitdem alle zehn Jahre wiederholt
wird, um so mehr vernachlässigt werden, je
mehr wir uns der Jetztzeit nähern. Enthielt
der Census von 1931 noch interessantes Material, so sind die Erhebungen von 1941 und
1951 den Umständen nach nicht sonderlich
aufschlußreich, 1961 wurde die ethnische
Zugehörigkeit noch festgestellt, aber dann —
absichtlich — nicht publiziert; der Census
1971 fiel in die Zeit des Unabhängigkeitskampfes Bangladeshs, was 1981 erhoben
wurde, weiß ich nicht, aber jedenfalls war es
nicht genügend, um die private Publikation
von Phantasiezahlen zu verhindern.

Während meiner ersten Feldforschung in
den Hill Tracts (1955–1957) erhielt der Leiter
der Expedition, Dr. H. E. Kauffmann, aus
dem Büro der Bohmong in Bandarban die
Feldsteuerlisten, in denen die zu dieser
Steuer veranlagten Haushaltsvorstände
namentlich und dorfweise eingetragen sind.
Aus den Namen läßt sich die ethnische Zugehörigkeit mit einiger Sicherheit erschließen.

Zählt man die so erfaßten Haushalte zusammen und multipliziert sie mit der durchschnittlichen Personenzahl pro Haushalt,
ergibt sich die ungefähre Stärke der Ethnien
(obschon jeweils einige Haushalte fehlen, da
sie nicht feldsteuerpflichtig waren). Ich selbst
erhielt die Einsicht in die entsprechenden
Listen des mittleren und des nördlichen Circles. Hier ergaben sich bei der namentlichen
Identifikation allerdings Schwierigkeiten, da
Chakma, Tongcengya und Tipera hinduistische Namen haben. Die mittels zusätzlicher
Informationen getroffenen Zuweisungen lassen sich insofern durch die Censusabgaben
etwas kontrollieren, als dort zwar nicht die
ethnische, wohl aber die religiöse Zugehörigkeit aufgeführt wird und es sich bei den als
Kastenhindu Klassifizierten im wesentlichen
um Tipera handeln dürfte. Die hier genannten Zahlen für 1981 sind an der offiziellen
Gesamtzahl orientierte Extrapolationen, die
nicht unbedingt zutreffen müssen.

Ethnie	1901	1956	1981
Chakma	44 500	140 000	280 000
Tongcengya		15 000	
Marma	35 000	80 000	120 000
Sak		2 000	
Khyang	500	1 000	
Tipera	23 000	30 000	50 000
Brong/Riang		7 000	
Mru	10 500	17 000	25 000
Khumi	1 500	2 500	
Bawm	1 500	3 500	10 000
Pangkhua	200	1 500	
Lushai	?	500	
	118 000	300 000	485 000
Bengalen	7 000	30 000	260 000
Total	125 000	330 000	745 000

Bei aller Unsicherheit der Schätzungen zeigt
die Tabelle, daß die Chakma, die einst nur ein
Drittel der einheimischen Bevölkerung bildeten, jetzt über die Hälfte stellen. Die
Zunahme verdankt sich im wesentlichen
einer in den letzten Jahrzehnten ständig
wachsenden Kinderzahl, kein Zeichen des

Reichtums, sondern der zunehmenden Verarmung. Die demgegenüber sehr kleine Zuwachsrate der Tipera erklärt sich durch deren zunehmende Vertreibung als ‹Hindu›. Marma und Tipera erscheinen den Chakma gegenüber jedoch nur deshalb als die kleineren Ethnien, weil die mit der Teilung Britisch-Indiens verfestigten politischen Grenzen ihre Siedlungsgebiete zerschneiden. Wenn die Bengalen heute diese Ethnien in ihre Herkunftsgebiete zurücktreiben möchten, so ist dem entgegenzuhalten, daß die Chittagong Hill Tracts erst durch die Engländer als politisches Territorium konsolidiert wurden und die einzige Gruppe, die mit Sicherheit dort zu dieser Zeit nicht bereits ansässig war, die Bengalen sind. Die heutige Regierung möchte jedoch die Hill Tracts in ein Bengalen-Land verwandeln – um so ärgerlicher, daß ausgerechnet die einzige Ethnie, die bereits einen Dialekt des Bengali spricht, dieser Politik hartnäckigsten Widerstand entgegensetzt.

Die Engländer verfolgten durchaus andere Ziele. Als sie ab 1789 den in Baumwolle zu entrichtenden Tribut von den Repräsentanten der Hill Tracts nicht mehr in Naturalien, sondern in Geld verlangten, konnten sie die Folgen noch nicht absehen. Sicherlich hätte die Geldwirtschaft auch ohne diese Maßnahme die Naturalwirtschaft in den Bergen mit der Zeit verdrängt; die forcierte Monetarisierung bewirkte jedoch alsbald auch eine zunehmende Verschuldung bei Bengali-Geldleihern, da Geld nur über den Handel mit der Ebenenbevölkerung erhältlich war. Die aus der Ebene importierten Güter nahmen nach Zahl und Umfang zu; die Erträge, die die Bergbewohner aus dem traditionellen Feldbau erzielten, waren umfangreich genug, um ihnen auch den Kauf von Luxusgütern zu ermöglichen; nur verstanden die Bergbewohner nicht sonderlich viel vom Markthandel – und dies gilt für die traditionellen Feldbauern noch heute, obwohl es inzwischen auch unter den Chakma und Marma erfolgreiche Händler und Unternehmer gibt. Leihgeschäfte waren traditionell nicht üblich; ‹Schulden› gab es vorwiegend in Form von langzeitigen gegenseitigen Verpflichtungen; nur die Aristokraten der Talbewohner und der östlichen Ethnien bereicherten sich mittels Schuldsklaverei. Preisschwankungen und Zinswucher, die es z. B. in den fünfziger Jahren dieses Jahrhunderts geschickten Geldleihern ermöglichten, den Schuldnern jährlich bis zu 500 % des Geliehenen abzupressen, lagen und liegen noch heute jenseits dessen, was ein Feldbauer durchschauen kann. Da solche Leih-Beziehungen verständlicherweise spannungsgeladen sind, vermeidet man tunlichst, sie gegenüber Mitgliedern der eigenen Ethnie einzugehen; die Folge davon ist aber, daß die in Not Geratenen fast unausweichlich den fremden Geldleihern in die Hände fallen. Und gegen deren ausbeuterischen Manipulationen wiederum können die Verschuldeten sich nicht wehren, da alle rechtlichen Mittel von denjenigen kontrolliert werden, die auch den Markt kontrollieren: den Bengalen.

Bereits Lewin berichtet von den zahlreichen Tricks und Schikanen vor Gericht, mit denen bengalische Geldleiher unerfahrene Bergbewohner auszunehmen pflegten, die sich wegen einer Mißernte oder einer Hochzeit verschuldet hatten, wobei es nicht selten war, daß der Schuldner in lebenslange Abhängigkeit geriet. Lewin ließ deshalb den Zins auf jährlich 12 % fixieren, und sofern ein Gerichtsentscheid vorlag, mußten die Außenstände entweder alsbald eingezogen werden oder sie verfielen. Doch diese Bemühungen der Engländer scheinen letztlich wenig geändert zu haben. Als in den fünfziger Jahren die Gerichte für einige Zeit von der pakistanischen Militärregierung überwacht wurden, verurteilte man einen bengalischen Geldleiher, der einem Marma schon über drei Jahre hin das Zehnfache des einst geliehenen Reises abgeknöpft hatte, zur Begleichung der Restschuld nun aber nochmals mehr als dessen ganze Ernte verlangte und ihn deshalb vor Gericht brachte, wider Erwarten zu einer

Rückzahlung an den Schuldner; und als schließlich sogar einige bengalische Polizisten wegen Erpressung und Vergewaltigung von Einheimischen gemaßregelt wurden, erkannten die Bewohner der Hill Tracts in der pakistanischen Regierung ihre neuen Freunde: kein Wunder, daß die bengalischen Unabhängigkeitsbestrebungen bei ihnen auf wenig Gegenliebe stießen. Viel lieber noch wäre es den einfachen Bergbewohnern gewesen, wenn die Engländer sie wieder in Schutz genommen hätten, auch wenn sie dafür ein Mehrfaches an Steuern verlangt hätten. Äußerungen dieser Art zeigen die Verknüpfung von wirtschaftlichem und politischem Aspekt.

Als die englische Verwaltung erkannte, daß sie über die Gerichte allein die Probleme nicht lösen konnte, erließ sie 1919 für die Hill Tracts spezielle (1935 bestätigte) Reglementierungen, die allen nicht dort Geborenen den Aufenthalt und den Bodenerwerb in den Hill Tracts nur unter so speziellen Bedingun-

gen gestatteten, daß der weitere Zuzug von Bengalen effektiv gebremst wurde. Die inzwischen entstandenen Märkte wurden unter besondere Aufsicht gestellt, um das Eindringen ‹unehrlicher› Händler zu verhindern. In der pakistanischen Zeit wurden diese Restriktionen, trotz Widerstandes der Chiefs, immer mehr aufgeweicht; die bengalische Regierung beseitigte diese Diskriminierung ihrer Landsleute vollständig und entrechtete 1981 auch die Chiefs.

Allerdings hatte die englische Verwaltung bereits zuvor eine Maßnahme ergriffen, die den Zuzug von Bengalen förderte. Die traditionelle Methode der Feldbestellung, der Schwendbau (von dem im 3. Kapitel noch die Rede sein wird), erschien den Engländern als Raubbau und die damit erleichterte Mobilität der Bauern als Risikofaktor. 1870 wurde der Schwendbau in der Ebene verboten, doch das Ideal des dort inzwischen allgemein praktizierten seßhaften Pflugbaus ließ sich in den Bergen nicht einführen. Nur in den breiten Tälern der mittleren und nördlichen Hill Tracts gab es manche Stelle, an der Pflugbau möglich schien. Erste ‹Entwicklungshilfegelder› wurden bereitgestellt, um die Anschaffung des nötigen Werkzeugs und der Arbeitstiere zu erleichtern; und was die Raja in ihren Besitzungen in der Ebene schon praktizierten, fand nun auch Eingang in die Täler: Pflugbau mittels bengalischer Teilpächter. Bis Chakma, Tipera und Marma in steigender Anzahl selbst Hand an den Pflug legten, verging einige Zeit, und der Übergang weist auf eine bereits einsetzende Landknappheit hin: der traditionelle Schwendbau bringt höhere Erträge, solange ausgiebige Brachzeiten möglich sind; Pflugfelder erbringen weniger, können dafür aber alljährlich bestellt werden, erlauben also eine wesentlich höhere Bevölkerungsdichte.

Der Hauptanteil dieses während der ersten Hälfte unseres Jahrhunderts in den Talregionen erschlossenen Pfluglandes lag im Chakma-Circle – die rasche Zunahme der Chakma wurde bereits erwähnt – und ausgerechnet dieses Land fiel einem neuen Projekt zum Opfer: einem Staudamm, mit dessen Hilfe jetzt die für die Elektrifizierung von Chittagong (insbesondere des Hafens) dringend benötigte Energie erzeugt wird. Von den etwa 85 000 Menschen (unter ihnen etwa 70 000 Chakma), deren Land 1960 unter dem neuen Stausee verschwand, lebten 46 000 vorwiegend vom Pflugbau. Als Ersatz für die verlorenen 585 km² gab die Regierung 40 km² des Reservationsforstes als Ackerland frei, wobei Bengali-Umsiedler bevorzugt wurden. Bei den anderen ‹zur Verfügung gestellten› Pflugbauarealen handelte es sich vorwiegend um Land, das bereits traditionell genutzt wurde. Das Ergebnis waren massive Unruhen und Verdrängungsprozesse, Chakma migrierten auf der Suche nach neuem Land bis in die Vorketten des Himalaya in Nord-Assam. Die pakistanische Militärregierung, unter deren Ägide der Prozeß ablief, verstand es jedoch bestens, die Schuld für alle Fehlleistungen der Regierung den nachgeordneten bengalischen Stellen zuzuschieben, und diese taten ein Übriges, um das traditionelle Mißtrauen der Chakma gegen die Bengalen in bittere Feindschaft zu verwandeln. Allerdings waren die betroffenen Chakma und Marma im Einzugsbereich des Wirtschaftssystems der Ebene niemand, mit dem sich die anderen Ethnien der Hill Tracts besonders solidarisch gefühlt hätten, betrachteten doch die Talbewohner mit ihren Raja die weniger zivilisierten Bergethnien, mit denen sie der Herkunft nach nichts verband und denen sie jetzt das Land streitig machen mußten, seit je nicht als ihresgleichen. Der Dammbau hatte also keine weiteren Rückwirkungen; in den europäischen Konsulaten in Dhaka machte zwar die Mär von der Verfolgung christlicher Chakma die Runde; aber wäre nicht fast zufällig ein amerikanischer Geograph, D. E. Sopher, den der Übergang vom Schwendbau zum Pflugbau interessierte, 1960 Zeuge der Überflutung geworden, wüßte bis heute bei uns niemand, was da wirklich vor sich ging. Weitere Nachforschungen verhinderte die Regierung, indem sie Sopher die Wiedereinreise verbot. Wenige Jahre später (1964) wurden die gesamten Hill Tracts für alle Ausländer gesperrt – bis heute wurden sie nicht wieder geöffnet. Was seitdem dort geschieht, soll die Außenwelt nicht erfahren. Auf die Nachrichten, die dennoch nach außen drangen, wird im letzten Kapitel kurz einzugehen sein.

>
Auf hohen Pfählen stehend, abweisend gegen außen: die Rückseite eines Mru-Hauses.

<
Wasser wird in Flaschen-
kürbissen von der Quelle
geholt, die sich während
der Regenzeit in einen
kleinen Wasserfall ver-
wandelt hat.

>
Mädchen waschen ihre
Haare im Teich unter der
Quelle.

Nächste Doppelseite:
Männer binden Latten und
Sparren über ein dichtes
Lager aus Bambusblättern,
mit denen sie das Dach
gedeckt haben.

<
Ein junger Mann mit
reichem Kopfputz hockt in
der Tür des väterlichen
Hauses. Seine Hände sind
vom Baumwollfärben
indigoblau.

>
Mru-Schönheit im festlichen
Perlen- und Münzschmuck,
mit Oberarmreifen und
geschwärzten Zähnen.

Der große Wohnraum mit Blick auf die Tür zum Privatraum. Links die Herdstelle, unter dem Dach der
Hängeboden für Matten und Körbe. Im durch die Tür
zur Außenplattform fallenden Licht das Nähkörbchen
des jungen Mädchens am Webstuhl.

Im Hauseingang stehend wickelt ein junges Mädchen
den gesponnenen Faden auf die Handspindel.

Die durchsichtig geflochtenen Körbe mit der Last der
wassergefüllten Kalebassen am Kopfband, kehren die Frauen
von der Quelle zurück. Hoch ragt die Plattform des Hauses in den
blauen Dezemberhimmel.

Rechte Seite:
Die Wand der Baumbusrohre läßt sich in immer feinere Streifen
spalten. Riemen unterschiedlicher Stärke braucht man
zum Zusammenbinden der Bauelemente des Hauses sowie
zum Flechten der Körbe.

Nächste Doppelseite:
Alle Bauelemente eines Mru-Hauses werden mit Bambusriemen
zusammengebunden. Gerade zurrt ein Mann die
Dachgrasbündel an den Sparren fest.

Der geschickte Umgang mit dem Haumesser erfordert
viel Übung.

Rechte Seite:
Ein großer Korb für den Baumwolltransport ist im Entstehen.

Nächste Doppelseite:
In der Abendsonne, beim Flechten eines simplen
Vorratskorbes.

Dorf und Haus

Bedarf es einer neuen Klinge für das Hau-messer, muß man sie auf dem Bazar beim Bengali-Händler kaufen. Selten reicht das Geld für mehr als das, was in eine Umhängetasche oder einen Männertragkorb paßt.

Wie bereits im vorangehenden Kapitel vermerkt, sind die Mru-Dörfer nicht auf eine bestimmte Höhenlage fixiert: Die Hauptsache ist eine in der Nähe verfügbare Wasserquelle, die auch in der Trockenzeit nicht versiegt, es mag auch ein kleiner Bachlauf sein. Daß die Siedlung oberhalb eines Baches liegt, ist unvermeidlich, daß sie aber auch immer oberhalb der Quelle liegt, das Wasser also ins Dorf hinaufgetragen werden muß, deutet doch wohl auf eine Bevorzugung höherer Wohnlagen, soweit sie verfügbar sind. Versiegt die Quelle, ist dies ein Grund, das Dorf zu verlegen; auch zu häufig auftretende Krankheiten können zu einer Dorfverlegung führen.

Im allgemeinen jedoch bleiben die Dörfer über Jahrzehnte an Ort und Stelle, obschon die Bewohner wechseln mögen. Wenn offizielle Verlautbarungen die Bergbewohner der Hill Tracts gern als Halbnomaden charakterisieren, zeichnen sie ein falsches Bild, das sie sich allerdings selbst bestätigen, indem offiziell die Dörfer unter dem Namen des ‹Karbari› oder ‹Headman› geführt werden, was zur Folge hat, daß ständig alte Dörfer verschwinden und neue erscheinen. Dieser offizielle Usus läßt aber nur die Eigennamen der Dörfer verschwinden. Es ist möglich, daß nicht alle Dörfer einen eigenen Namen haben; wo dies jedoch der Fall ist, erscheint als Dorfname oft derjenige der Sippe, die das Dorf gegründet, oder auch der Name des Baches, an dem es gelegen ist. ‹Mein› Dorf lag auf einem Berggrat und wurde von einer Mouza-Grenze in zwei Teile geschnitten, die in den Steuerlisten jeweils unter dem Namen des Karbari aufgeführt wurden; die Leute der anderen Mouza (dort wohnten u. a. Angehörige der Atuang-Sippe) nannten das Dorf ‹Atuang-wüa-Kua›, auf meiner Seite hingegen nannte man es ‹Tap-wüa-Kua› — ‹Festungs-Leute-Dorf›, in Erinnerung an die Gründerzeit, als das Dorf noch befestigt war, also vor mehr als hundert Jahren. Ein alter Grabstein vor dem Dorf, auf dem ein Kopf mit Federschmuck eingraviert war, war das letzte Zeichen noch älterer Bewohner, wohl der Bawm, die für kurze Zeit auf die Kette westlich des Songu-Tales vorgestoßen waren, sich jedoch, ihren eigenen Traditionen zufolge, wegen zu häufiger Krankheiten bald wieder auf die östlichen Ketten zurückzogen.

Bei den Dengnak ist ein Dorf eventuell schwer auszumachen: die Häuser stehen isoliert inmitten der Felder; bei den Lushai finden sich Hunderte von Häusern in einem Dorf zusammen, entsprechend lang sind die Wege zu den Feldern; die Mru halten ein Mittelmaß, fünf bis zwanzig Häuser bilden ein Dorf, gelegentlich mögen es auch mehr oder weniger sein. Bei den Marma, die größere Dörfer und damit längere Wege zu den Feldern haben, zieht während der Feldbestellungszeit oft die ganze Familie ins Feldhaus; die Mru gehen jeden Tag hin und zurück, und oft tun sich zwei oder drei Familien zusammen, um einen Tag auf dem Feld der einen, den anderen Tag auf dem der anderen Familie zu arbeiten — bei den Marma sind solche Formen der Kooperation selten. Aber so einfach ist die Korrelation mit der Größe der Dörfer nicht: auch die Lushai und Bawm ziehen die Kooperation dem einzelfamiliären Wohnen auf dem Feld vor, obschon sie größere Wege zurückzulegen haben. In ihrer kriegerischen Vergangenheit konnten sich große Dörfer besser gegen Überfälle schützen, vereinzelte Familien in den Feldern mußten um ihre Sicherheit fürchten. Heute hingegen möchte man Kirche und Schule im

Dorf haben, und das kann man sich nur leisten, wenn die Dörfer groß sind.

Kleine Dörfer heißt nicht isolierte Dörfer. Unverheiratete Mru finden im eigenen Dorf selten den passenden Heiratspartner; während der trockenen Zeit ziehen deshalb die jungen Männer hin und wieder aus, den Nachbardörfern am Abend einen Besuch abzustatten. Wenn da gar ein Fest stattfindet, kommen auch die Mädchen mit. Die Verheirateten können in der einen oder anderen Rolle besonders eingeladen werden. Es kann jedoch auch sein, daß man gerade zu einem Nachbardorf in keinem sonderlich guten Verhältnis steht; es gibt keine offizielle Markierung der Dorfgrenzen (nur die Mouza-Grenzen sind festgelegt), und mit dem Knappwerden des Bodens kommt es immer häufiger vor, daß jemand sein Feld auf einem Terrain schlägt, das auch vom Nachbardorf beansprucht wird. Antwortet man von dort mit einem ähnlichen Übergriff, kann das die Beziehungen dauerhaft stören, was zur Folge hat, daß auch der beide Dörfer verbindende Pfad zuwächst.

Zum Zuwachsen bedarf es nur einer Regenzeit; offengehalten werden nur die Pfade zum Dorf des Headman der Mouza. Wo jedoch die Beziehungen zu den Nachbardörfern gut sind, vereinbart man die Grenze, bis zu der jedes Dorf den Pfad offenzuhalten hat; diese stimmt meist mit der der Feldnutzung überein. Einmal im Jahr, nachdem der Reis geschnitten und die Regenzeit fast zu Ende ist, stellt jedes Haus einen Mann, und gemeinsam schlägt man die Verbindungswege frei. Den Pfad zum eigenen Feld schlägt jeder selbst und säubert ihn jährlich bis zu viermal: vor Beginn der Arbeiten, im Juli während des Jätens, vor der Reisernte und, wenn nötig, nochmals vor der Baumwollernte. Wohl wachsen von vielen Leuten begangene Pfade weniger leicht zu als private; doch wenn z. B. ein Hindernis einen ‹öffentlichen› Weg versperrt, indem ein Baum umbricht oder Erde abrutscht, wird niemand sich die Mühe machen, es zu beseitigen, solange er das Hindernis mit weniger Mühe oder in kürzerer Zeit umgehen kann. Wenn ein eigentlich schön auf einem Berggrat hinführender Weg plötzlich eine Strecke weit recht unbequem schräg am Hang hinab und dann wieder aufwärts führt, kann man sicher sein, daß da unterhalb des Grates einmal ein Feld war: wozu sich die gemeinsame Mühe mit dem Offenhalten des eigentlich bequemen Pfades machen, wenn jemand sowieso einen Feldweg offenhält? Schlägt jemand nahe am Pfad Bambus, läßt er die abgehauenen Äste und Splitter getrost auf dem Wege liegen, obwohl die pfeilscharfen Bambusreste selbst den mit dicker Hornhaut wohlversehenen Füßen der Mru gefährlich werden können; in den alten Kriegszeiten benutzte man zwei beidseitig angespitzte Bambusstäbchen, um Pfade zu ‹verminen›, man dreht sie so fest zusammen, daß, wie auch immer sie fallen, eine Spitze über den drei anderen nach oben weist. Zu Dutzenden wurden diese Fußangeln möglichst unter Laub versteckt; wer auf eine der Spitzen trat, mußte damit rechnen, daß sie ihm den Fuß durchbohrte.

Trotz aller Unbequemlichkeiten, die sie bieten, sind die Mru-Pfade eigentlich meisterhaft angelegt. Vor allem wird darauf geachtet, daß sie während der Regenzeit nicht vom Regen ausgewaschen werden und sich dabei in Geröllhalden verwandeln können. Wo immer es möglich ist, führen sie deshalb auf einer Wasserscheide entlang, auch den Hang hinab, und wo dies nicht mehr geht, werden sie streckenweise nach rechts und links versetzt. Man geht durchaus nicht immer den kürzesten Weg, Senken zum Beispiel werden oft auf deren Rand umgangen, aber Steilheit ist kein Hinderungsgrund: notfalls benutzt man selbst in der freien Natur einen Steigbaum, einen eingekerbten Baumstamm, wie er für gewöhnlich als Haustreppe benutzt wird. Am beliebtesten jedoch sind Pfade, die gar nicht offengehalten werden müssen, die die Natur sozusagen kostenlos zur Verfügung stellt, und das sind die Wasserläufe. Weg und

Fußangel aus zwei zusammengedrehten Bambusstäbchen.

Mru-Dorf auf einem
Knie der Bergkette west-
lich des Songu.

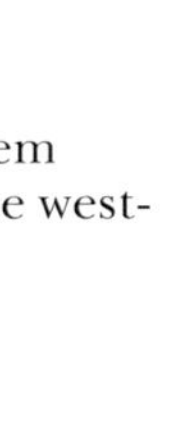

>
Der Weg zu den Feldern
ist oft beschwerlich, doch
auch steile Abhänge las-
sen sich mittels eines
Steigbaums kinderleicht
bewältigen.

>>
Am Bach oder an der
Quelle waschen die
Frauen Geschirr und
Kleider sowie auch sich
selbst. Zum Topfschrub-
ben dient Bambuswolle,
die Haut reinigt sich
angenehmer mit einem
Seifenstein, mit dem
auch die Wäsche bearbei-
tet wird.

Bachbett sind oft weitgehend identisch; während der Trockenzeit fließt dort durch mannigfaltiges Geröll meist nur noch ein kleines Rinnsal; aber auch bis an den Bauch durchs Wasser waten zu müssen, macht einem Mru nichts aus. Nur schwimmen kann er nicht, weshalb er auch bei den großen Flüssen lieber am Rand entlang geht, als einen der Einbäume der Flußbewohner zu benützen: erstens ist es billiger (für den Fährlohn müßte er bezahlen) und zweitens sicherer (man weiß ja nie, ob das Boot nicht doch einmal umkippt). Bachbettwege sind den Mru da viel lieber – mir waren sie ein Graus: von den glatten Steinen abrutschend, mir die Knöchel am Geröll anschlagend, mit vom Wasser vollgesogenen Schuhen und oft genug nasser Hose, konnte ich mit den Mru nie recht Schritt halten.

Aber auch die Hänge hinauf hatte ich zunächst einige Schwierigkeiten, Schritt zu halten, bis ich mir die pfeifende Atemtechnik der Mru zueigen machte: das Pfeifen erlaubt eine bessere Kontrolle des Atemrhythmus und verhindert das Austrocknen der Mundschleimhäute. Steile Abstiege blieben jedoch problematisch: die Trittlöcher, in denen die Mru mit ihren Zehen Halt fanden, boten meinen Bergschuhen nichts Vergleichbares – und zwei verzweifelte Versuche, es denn doch besser unbeschuht zu versuchen, scheiterten an der mangelnden Stabilität meiner Fußsohlen. Daß auch die bengalische Polizei und das Militär beschuht und noch dazu des Bergsteigens völlig unkundig sind, schützte (und schützt noch immer, bis mit Entwicklungshilfegeldern ‹zur Erschließung der Hill Tracts› die nötigen Straßen gebaut sind) die Bewohner vor allzuvielen unliebsamen Besuchern. Der im letzten Weltkrieg von den Japanern von Burma aus gegen Indien vorgetragene Angriff blieb in diesen ‹Hügeln› bereits auf arakanischer Seite stecken. Ich habe Hunderte von Kilometern auf Mru-Pfaden zurückgelegt und auch Mru über ihre ‹hundemäßigen› (wir würden sagen ‹saumäßigen›, aber die Mru schätzen Schweine höher

als Hunde) Pfade schimpfen hören; doch die Mru lieben ihr Land, sie können, mit Recht, in Begeisterung geraten ob seiner Schönheit – warum sollten sie Wege bauen, um Fremden, die es ihnen streitig machen wollen, den Zutritt zu erleichtern?

Früher waren die Mru-Dörfer befestigt, heute schließt man sie nur noch zeremoniell im Falle eines ‹schlimmen Todes›, und die Zeichen am Dorfeingang weisen nur symbolisch auf die einst bambusstachelbewehrten Tore hin. Heute hat jeder Zutritt; doch wer sich von außen einem Mru-Dorf nähert, sieht sich, besonders wenn er den Hang hinaufsteigt, den nur mit schmalen waagrechten Schlitzen versehenen Rückseiten von Häusern konfrontiert, die ihn auf über mannshohen Pfosten weit überragen. Einlaß findet er nur von der Seite des Dorfplatzes her; wo allerdings das Gelände gar zu uneben ist, mag er den Eindruck bekommen, daß die Häuser bunt durcheinander stehen; nichts von der klaren Ordnung, wie sie sich bei den

In den vergangenen kriegerischen Zeiten schützten sich die Mru mit stachelbewehrten Dorftoren vor Feinden. Heute gibt es nur noch symbolische Nachbildungen: sie sollen, wie auch der mit Pfeil und Bogen bewaffnete Affe am Dorfeingang, Epidemien abweisen. Fremden ist während dieser Zeit der Zutritt zum Dorf verboten.

Bambus ist zum Hausbau unentbehrlich. Um die schwere Last der gebündelten Rohre vom Dschungel ins Dorf zu tragen, bedarf es kräftiger junger Männer.

Chakma findet, die alle ihre Häuser nach Osten ausrichten, weil sie die Morgensonne auf der Plattform lieben. Aber die Mru-Häuser sind auch größer als die der Chakma, und verglichen mit ihnen sind die Häuser der einfachen Bengalenbauern in der Ebene bloße Hütten. Doch auch Chakma und Mru haben, im Gegensatz zu den Bengalen, eines gemeinsam: wie fast überall im traditionellen Südostasien stehen ihre Häuser auf Stelzen. In einem Land mit Monsunregen seine Wohnung wie die Bengalen auf der bloßen Erde zu errichten, scheint den Mru recht unklug, abgesehen davon, daß sie dazu wegen der unebenen Bodenbeschaffenheit eine Menge Erdreich bewegen müßten.

Die Hauptpfosten wie auch einige Querbalken bestehen in der Regel aus den entrindeten Stämmen von Hartholzbäumen (je besser das Holz, desto dauerhafter das Haus), andere Pfosten können durch gebündelte Bambus ersetzt werden. Welches Material man wählt, hängt von seiner Verfügbarkeit ab: die Bestände an großen Hartholzbäumen sind durch die zunehmende Entwaldung klein geworden, und mancherorts ist selbst Bambus knapp. Während man früher nur vors Dorf zu gehen brauchte und sich dort schlagen konnte, was man wollte, muß man heute oft in Nachbardörfern nachfragen, für die Schlagerlaubnis zahlen und dann noch die Baumaterialien über weite Strecken mühsam nach Hause tragen. Da auch der Fußboden und die Wände aus Bambus hergestellt werden, führt die Verknappung dazu, daß die Häuser weniger oft renoviert werden können. Das anfängliche freundliche Braungelb der Bambuswände verwandelt sich nach ein paar Regenzeiten in fleckiges Grau. Das Dorf macht dann einen heruntergekommenen und armen Eindruck, und der täuscht nicht, wenn die Mittel zur Renovation nicht mehr vorhanden sind.

Häuser in exponierten Hanglagen sind Wind und Wetter mehr ausgesetzt als solche in geschützten Tallagen; je nach Lage sollten

Bambus- und Weichholzteile alle 5 bis 10 Jahre erneuert werden. In der Vergangenheit, als Baumaterialien noch reichlich verfügbar waren (Schlagverbot bestand nur für die Reservationsforste), hätten reine Holzkonstruktionen (z. B. mit Teakholzbrettern) sicher dauerhaftere Häuser erlaubt; aber auch die Marma, deren buddhistische Tempel auf diese Art gebaut wurden, zogen für die Wohnhäuser Bambus vor: ein Bretterboden ist hart, ein Boden aus geflochtenen Bambusbändern federt (mit einer untergelegten Decke schläft man auf ihm wie auf einer Matratze); eine Bretterwand verfinstert den Raum, durch eine Bambuswand fallen Hunderte schmaler Lichtstreifen, und frische Luft hat ungehindert Zutritt, so daß ein Innenraum, auch ohne größere Fenster, nie finster und stickig erscheint.

Ein Mru-Haus besteht aus drei Teilen: einem großen, etwa 7 × 7 m breiten Raum *(kim-tom)* mit Außeneingang, wo man sich versammelt, kocht und ißt, Besucher empfängt und Gäste beherbergt, wo aber auch die Kinder und Unverheirateten der Familie schlafen; einem schmaleren und etwas niedrigeren Raum *(kimma)*, der mit abgesetzem Dach in Richtung Dorfplatz vor dem *kim-tom* liegt und nur von diesem aus betretbar ist, in dem nachts das Ehepaar und die kleineren Kinder schlafen und in dessen vorderstem Teil mit einer zweiten Herdstelle auch die Geburt stattfindet. Das *kimma* dürfen Fremde nicht betreten, und auch bei offener Tür sollten sie nicht hineinblicken – doch den Blick verwehrt sowieso der große runde, die Jahresernte fassende Reisspeicher unmittelbar hinter der Tür. Im *kimma* verwahrt man auch die Speere, Tücher und anderen Wertsachen, ebenso die Baumwolle und das Gemüse. Wer als Fremder trotz des Verbotes einen Blick in das *kimma* tun möchte, muß damit rechnen, daß er eine Augenkrankheit bekommt; besser, er wartet bis eines Tages die Wand des *kimma* erneuert werden muß, dann hat er tagelang freien Einblick, der niemanden

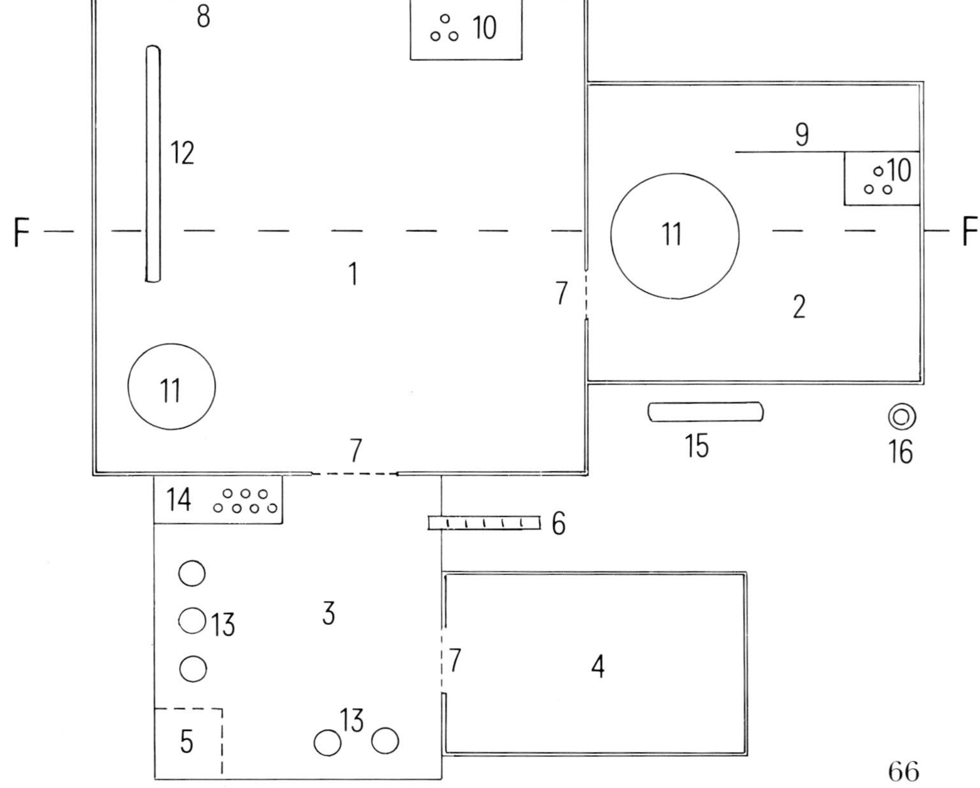

Grundriß eines Mru-Hauses der Matamuri-Gegend

 1 Wohnhalle *(kim-tom)*
 2 Privatraum *(kimma)*
 3 offene Plattform *(tsar)*
 4 Anbau *(kim-tsa)*
 5 Toilettenplatz
 6 Steigbaum, Eingang
 7 Türen
 8 Luke
 9 Trennwand
10 Kochstellen
11 Reisspeicher
12 Kopfbalken
13 Töpfe, Standkörbe
14 Gestell für Kalebassen
15 Futtertrog
16 Mörser
F–F Firstlinie

Mru-Haus. Das *kimma* ist dem Dorfplatz zugekehrt. Hier stampfen die Frauen täglich den Familienbedarf an Reis. Das Dach des *kim-tom* überragt das *kimma*. Links der *tsar*, weitgehend verdeckt durch das davorgebaute *kim-tsa*, das als Speicher oder zusätzlicher Schlafraum dient.

geniert. Das Ehepaar schläft während dieser Zeit im *kim-tom,* und niemand wird zur Zeit einer Geburt gleichzeitig das Haus renovieren. Das Verbot bezweckt also eigentlich nur die Abwehr des bösen Blickes: er wird auf den Sender zurückschlagen.

Schließlich ist da, rechts oder links angebaut und vom *kim-tom* aus erreichbar, die offene, etwa 5 × 5 m breite Plattform (*tsar*). Will man den Reisvorrat trocknen (und das sollte man, um Schimmelbildung zu vermeiden), breitet man auf dem *tsar* eine große Bambusmatte aus; gibt es Gemüse zu putzen und zu waschen, Tiere zu zerlegen, Geschirr zu waschen oder sonstige Arbeiten zu erledigen, die das Hausinnere verschmutzen würden, erledigt man sie auf dem *tsar;* das Wasser läuft durch den Rost aus Bambuslatten alsbald nach unten ab; hier spült man sich nach dem Essen den Mund; man könnte hier also auch Kleider oder sich selber waschen; da Wasser dazu aber erst von der Quelle oder dem Bach in Kürbiskalebassen herange-

schleppt werden muß, ist es allgemein üblich, dies bereits dort zu besorgen; die Verwendung von Warmwasser zu diesem Zweck ist dementsprechend selten. Schließlich mag (oder auch nicht) eine Ecke des *tsar* besonders abgetrennt sein, die als Abort dient; meist nur als Pissoir (die Frauen verrichten das Geschäft im Stehen, die Männer im Hocken, umgekehrt also wie bei uns), aber notfalls auch zur Stuhlentleerung, obschon man dafür einen Platz unterhalb des Dorfes bevorzugt. Nachts aber ist der Weg dunkel, man könnte unversehens auf eine Giftschlange treten oder sonst einem bösen Geist begegnen, insbesondere Kindern ist das nicht zumutbar. Auch wenn dieser Platz auf dem *tsar* nicht besonders gekennzeichnet ist, erkennt man ihn, abgesehen von der im Lattenrost gelassenen Öffnung, an den dort eigens deponierten Bambusstäbchen, die statt Toilettenpapier Verwendung finden.

Nun könnte man meinen, dieser Usus erzeuge stinkige Plätze direkt neben jedem

Haus. Das ist jedoch nicht der Fall. Die im
Dorf frei herumlaufenden Schweine vertilgen alle Küchenabfälle und menschliche
Fäkalien; was das Wasser anbetrifft, sorgt der
unter dem *tsar* immer vorhandene Schräg-
hang für einen baldigen Ablauf. Der einzige
Nachteil des *tsar* ist, daß die dünnen Bambuslatten, die häufig mit Wasser überspült werden, rasch morsch werden, so daß man gelegentlich Gefahr läuft, nach unten ins Leere
zu treten, wenn der Belag nicht jährlich repariert wird. Aber eben dieser Nachteil sorgt
dafür, daß der *tsar* nie zu schmutzig wird.
Reiche Leute bauen sich gelegentlich, auf der
anderen Seite des *tsar*, noch ein eigenes Vor-
ratshaus, das die Form eines *kimma* hat und,
wenn ein Sohn des Hauses heiratet, auch als
solches benutzt werden kann. Unüblich sind
Häuser mit drei *kimma* (das des Hausherrn ist
jeweils das unmittelbar ans *kim-tom* anschlie-
ßende). Ein französischer Soziologe, P. Bessaignet, hatte 1957 das Pech, ausgerechnet in
ein solches Haus eines Headman zu geraten
und schloß daraus, daß die Mru in Großfami-
lien leben, was völlig falsch ist; denn im allgemeinen legt jeder verheiratete Mru Wert darauf, sein eigener Hausherr zu sein. Ein ver-
witweter Elternteil, der mit einem verheirateten Sohn zusammenwohnt, muß wieder, wie
die Unverheirateten, im *kim-tom* schlafen; oft
teilt man ihm dafür mit einer eigenen Wand
einen Raum ab; solch ein eigenes Schlafabteil
kann aber auch für die jeweils älteste noch
unverheiratete Tochter errichtet werden. Das
kim-tom ist mit seinen etwa 50 m² Bodenfläche
immer noch groß genug, um nicht nur alltäglichen, sondern auch festtäglichen Raumbe-
dürfnissen zu entsprechen.

Da der zentrale Dorfplatz oft zugleich die
höchste Stelle im Dorf ist, steht die ihm zuge-
kehrte Vorderwand des *kimma* meist auf weniger hohen Stelzen als die Rückwand des *kim-
tom*. Die Höhe des Freiraumes unter beiden
kann zwischen einem halben und drei (oder
mehr) Metern variieren. Der kleinere Raum
(unter dem *kimma*) wird seitlich mit Bambusstäben verkleidet und dient (nachts) im vorde-

Ein Bambusrohr wird zu einem breiten Band umge-
arbeitet. Um das Rohr auseinanderbiegen zu
können, müssen die Knotenstellen zuerst von außen
(oben) und dann von innen (unten) mit dem Haumesser zerkerbt werden.

ren Teil als Schweinekoben und im hinteren Teil als Hühnerstall. Im großen Freiraum unter dem *kim-tom* wird das Brennholz aufgeschichtet und zeugt in seiner Menge vom Fleiß der Hausfrau und (gegebenenfalls) ihrer heiratsfähigen Töchter.

Der Bau eines Hauses ist ein mehrtägiges Gemeinschaftsunternehmen aller Männer des Dorfes. Zunächst müssen die Bäume und Bambus ausgewählt, geschlagen und ins Dorf gebracht werden. 8 m lange Baumstämme von bis zu 20 cm und mehr Durchmesser wiegen so schwer, daß keiner sie allein transportieren oder aufrichten könnte. Transportmittel und Maschinen stehen den Mru nicht zur Verfügung und wären unter den vorhandenen Bedingungen auch gar nicht einsetzbar. Axt und Haumesser sind die beiden einzigen Werkzeuge, die für die anstehenden Arbeiten Verwendung finden. Zunächst werden die 10 Hauptpfosten des *kim-tom* gesetzt (die Löcher dafür werden mit dem Haumesser gegraben), und zwar je vier im Abstand von etwa 2,10 m in zwei parallelen, etwa 4,20 m auseinanderliegenden Reihen, sowie ein höherragender Pfosten, der später den Dachfirst trägt, vorn und hinten in der Mitte zwischen den Reihen. All diese Pfosten stehen später im Innenraum nur 20 cm von der Hinterwand, aber 1,40 m von den Seitenwänden entfernt. Etwas innerhalb der Wandlinie werden etwas dünnere und kürzere Pfosten hochgezogen, die oben an der Außenseite eingekerbt werden. In die Kerbe wird eine Längsstange gebunden, die später als Dachpfette dient.

Etwas weiter nach außen, jedoch nur bis unter den Fußboden reichend, werden weitere Pfostenreihen eingesetzt, die oben eingekerbt werden und die untersten Längshölzer (von etwa 10 cm Durchmesser) des Fußbodens tragen. Auf ihnen liegen jeweils zwischen den Hauptpfosten, rechts und links an ihnen vorbeiführend und nochmals von (gegen die Hauptpfosten versetzten) senkrechten Pfosten getragen, 11 Querhölzer auf. Die senkrechten Pfosten werden zudem mit

Dann entfernt man die Unebenheiten der Innenseite (oben). Schließlich werden die so hergestellten Bänder für den Fußboden (mit der Außenseite nach oben) miteinander verflochten (unten).

69

10 cm dicken Hölzern von rechts und links, die Querhölzer von vorne und hinten schräg abgestützt. Es folgt eine Längslage Bambusstangen, eine Querlage Bambusstangen (im Abstand von etwa 30 cm), darauf eine weitere Längslage in 5 cm Abstand, auf der schließlich der Fußboden zu liegen kommt. Er besteht aus 15–20 cm breiten, miteinander verflochtenen Bambusbändern, zu denen man die Bambusrohre zuvor umarbeiten muß, indem man sie einseitig aufspaltet und ihre Knotenstellen auf der Innenseite zerkerbt, bis sie sich völlig aufbiegen und von den Knotenresten säubern lassen. Beim Erstellen des Unterbaues werden alle Kreuzungen von senkrechten, längs- und querlaufenden Hölzern, Stangen und Bambus mit Riemen, die aus Bambusrinde geschnitten werden, zusammengebunden; Nägel, Schrauben oder Drähte finden keinerlei Verwendung. Stützen und Riemenbindungen geben genug Halt, daß auf dem Fußboden Dutzende von Menschen zugleich nicht nur sitzen, sondern auch tanzen und rhythmisch springen können. Während der Monsunzeit halten diese Häuser wiederholt Stürmen stand; in einigen Dörfern werden jedoch noch besondere Taifun-Häuser gebaut, die nur aus einem aus Baumstämmen gefertigten Dach bestehen, unter dem man notfalls Zuflucht suchen kann.

Über die beiden Reihen der vier Hauptpfosten wird je eine Längsstange geführt, auf die quer vier dicke Stämme aufgelegt werden. Dann folgen, von der Firstpfette über die Seitenpfetten etwa einen halben Meter hinausführend, die Dachsparren; darüber die aus halbierten Bambus bestehenden Dachlatten, auf die Bündel von Dachgras oder Bambusblätter aufgebunden und von oben her durch zu den unteren Latten parallel laufende und mit ihnen durch Schlaufen verbundene obere Latten gegen Windschäden abgesichert werden. Ein kaum 10 cm dickes Blatt- oder Graslager läßt keinen noch so starken Monsunregen durch; den First schützt eine extra dicke Querlage. Die Wände schließlich bestehen

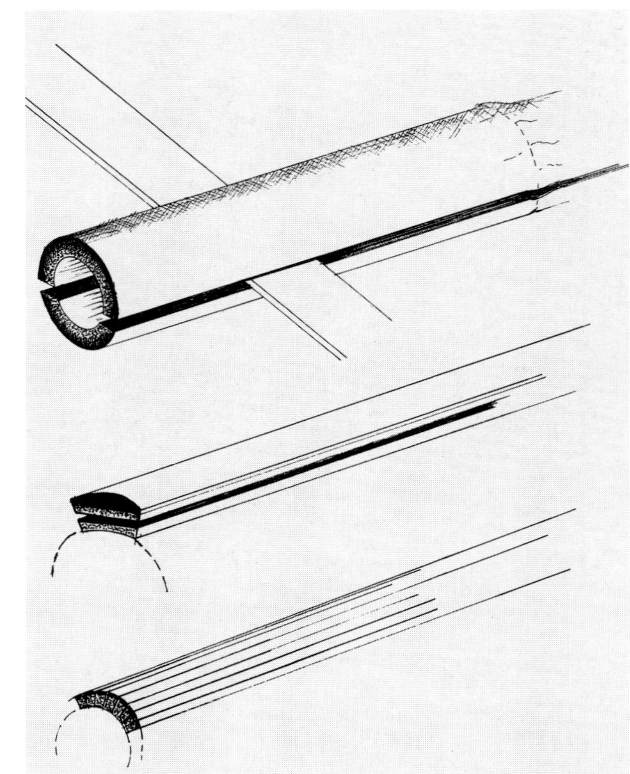

Bambusrohre können halbiert (a) und in immer kleinere tangentiale (b) und radiale (c) Segmente aufgespalten werden.

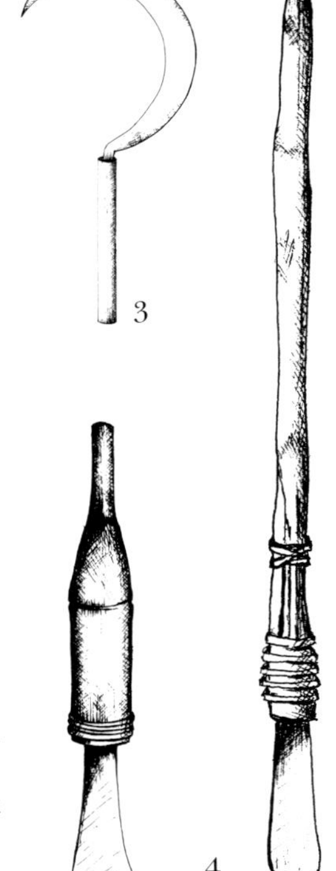

Eiseninstrumente müssen gekauft werden, die Mru schmieden nicht, schäften die Geräte jedoch selbst.

1 Arbeitsaxt, zum Fällen größerer Bäume und zum Holzhacken.
2 Haumesser, das meistbenutzte Arbeitsgerät. Bambus- bzw. Holzschaft mit eingedornter Eisenklinge. Schaftlänge ca. 20 cm, Klinge (in unterschiedlichen Formen) ca. 35 cm.
3 Sichel, zum Schneiden von Dachgras und Ernten des Reises.
4 Grabstöcke. Dicker Bambusschaft oder Holzstiel mit eingedornter alter Haumesserklinge, die beitelförmig umgeschliffen wurde.

Oben:
Bambusstreifen werden mit dem Haumesser zu feinen Riemen geschnitten. Alle Teile des Hauses werden mit solchen Bambusriemen zusammengebunden.

Unten:
Auf dem *tsar* wird, senkrecht zur ersten, die zweite Lage von Bambusrohren mit Riemen festgebunden.

Oben:
Die Latten des Unterbaus, in dem nachts Schweine und Hühner verwahrt werden, sind festgebunden. Anfang und Ende des Riemens werden ineinandergedreht.

Unten:
Die Bambuslatten des *tsar* werden mit Bambussegmenten auf das zweite Rohrlager aufgeklemmt.

aus 20 cm breiten senkrechtgestellten Bambusbändern, die quer mit etwa 5 cm breiten Bändern durchflochten werden und von außen auf Querleisten zu liegen kommen, die ihrerseits vor den senkrechten Wandpfosten liegen. Im *kimma* ist es umgekehrt, d. h. die geflochtene Wand ist innen, die Pfosten stehen außen.

Aus den Wänden können Fenster ausgeschnitten werden; oft findet sich nur eines an der Rückfront, das bei Bedarf mit einem Bambusgeflecht geschlossen werden kann. Auch die Türen bestehen aus geflochtenem Bambus; meist sind sie oben an einer Schiene aufgehängt und so nach der Seite verschiebbar. Bei den südlichen Mru-Gruppen betritt man das Haus vom *tsar* her, auf den man über einen Steigbaum, einen mit eingekerbten Treppen versehenen Baumstamm, hinaufsteigt. Bei den Anok-Mru ist der *tsar* nur vom *kim-tom* aus zugänglich, stattdessen führt der Steigbaum zu einem kleinen Treppenabsatz an der vorderen Schmalseite des *kim-tom*,

direkt neben dem *kimma*. Den alten Quellen zufolge war es früher üblich, den Steigbaum nachts einzuziehen; heute läßt man ihn stehen. Unbemerkt gelangt auch so niemand ins Haus: die Tür ist von innen verschließbar und läßt sich auch sonst nicht geräuschlos öffnen. Zwischen Fußboden und Dachfirst gibt es keine Zwischendecke, doch meist ist hier über Kopfhöhe ein Gestell eingezogen, das zum Teil an den Seiten auf den Wandpfetten aufliegt, oft jedoch nur mit langen Schlingen an den Querbalken zwischen den Hauptpfosten aufgehängt ist. Hier werden vor allem, in großen Rollen, die aus feinen Bambusbändern geflochtenen Matten aufbewahrt, die in unterschiedlicher Ausführung als Schlafunterlage oder zum Trocknen des Reises dienen. Auch verwendet man dieses Gestell zur Ablage kleiner Körbe; die größeren stehen an den Wänden im Haus oder auf dem *tsar:* es gibt Körbe für die Saat, andere für die Ernte, es gibt Körbe für Frauen, andere für Männer; es gibt Tragkörbe und Strandkörbe; Klei-

Über die von vorn nach hinten laufende Dachpfette und die vom First zum Rand führenden Sparren bindet ein junger Mann eine Dachlatte. Mit dem rechten Fuß steht er auf einem der schweren Querbalken, der an seinem Ende eingekerbt und auf die Seitenpfette gebunden wurde. Die Pfosten, die die Pfetten tragen, bestehen hier nur aus einem starken Bambusrohr.

Auf die dichtgeführten Dachlatten werden, vom Rand zum First fortschreitend, sich schuppenförmig überlagernde Bünde von Dachgras aufgebunden.

72

derkörbe und Hühnerkörbe; es gibt ganz kleine und ganz große Körbe, von feinen Deckelkörbchen, in denen die Frauen ihren Schmuck aufbewahren, bis hin zu den groben Baumwollkörben, in denen die Rohbaumwolle, soweit sie nicht im Hause verwendet wird, zum Markt getragen wird. Aber diese Baumwollkörbe sind auch nur deshalb so grob, weil die Baumwolle in ihnen verkauft wird – zur eigenen Verwendung werden nur hochwertige Körbe hergestellt, die stabil und flexibel zugleich sind, sich also zum Beispiel auch bei schwerer Belastung dem Rücken anschmiegen. Wenn ein Mru ganz arm dran ist, flicht er auch Matten und Körbe, um sie bengalischen Händlern zu verkaufen. Untereinander kaufen die Mru keine Korbwaren, und auch zwischen den Ethnien findet kein Austausch statt: jeder Mann (Flechten ist Männersache) flicht seine eigenen, ethniespezifischen Körbe. Die Marma mögen wohl einsehen, daß die Mru bessere Körbe haben als sie, aber bei ihnen benutzt man nun ein-

Ein junger Vater befestigt die Bodenverstärkung an einem neuen Tragkorb, das Töchterchen schaut zu.

mal die eigenen Formen, wenn auch wesentlich zu den gleichen Zwecken wie bei den Mru.

Die Longhu-Mru kennen, wie die Khumi und Bawm, eine zusätzliche Form von Körben, in denen sie den Reis mit den Füßen ausdreschen. Die anderen Mru benutzen dafür eine ihrer vielen Matten. Auch die Bengalen kennen eine weitere Form von Körben: Henkelkörbe, in denen an einer Tragstange Güter transportiert werden. In den Hill Tracts benutzt niemand eine Tragstange, außer man habe zu zweit ein großes Wildbret zu tragen, zum Hochzeitsfest ein Schwein oder zur Verbrennung eine Leiche zu transportieren. Der einzelne trägt seine Last wenn möglich immer im Korb auf dem Rücken, aber nicht gehalten von Schulterbändern, sondern von einem Kopfband, an dem, zwischen Stirn und Korb, auch die Hände angreifen, um die Last etwas zu erleichtern. Das Kopfband wird aus Rindenbast hergestellt oder auch aus feinen Bambusriemen geflochten. Transporttiere gibt es keine; Elefanten halten sich nur die Raja. So bleibt für den Landtransport nur der Mensch mit seinen Körben. Auf diese Weise wird die Ernte nach Hause getragen, und auf diese Weise holen die Frauen auch das alltäglich nötige Wasser, das zuvor in Flaschenkürbisse abgefüllt wird. Bereits Kinder lernen, ihren Korb zu tragen; aber wenn die Mädchen beginnen müssen, den Müttern beim Wasserholen zu helfen, schmerzt ihnen lange Zeit der Nacken, bis die Muskeln stark genug geworden sind. Als Frauen können sie dann wie die Männer auf diese Art Zentnerlasten die Steilhänge hinauftragen.

Bei den Marma bevorzugen die Frauen zum Wasserholen (und -aufbewahren) die von den Bengalen hergestellten runden Tontöpfe. Ihr großer Nachteil ist, daß sie leichter brechen als die Kürbisflaschen, die man, im Gegensatz zu den Töpfen, auch einfach mit einem Stück Bananenblatt zustöpseln kann. Aus den auf dem Feld gezogenen Kürbissen in Form einer dickbauchigen Flasche muß man jedoch das weiche Innere herausfaulen lassen, bis die harte Schale übrigbleibt; solange sie innerlich nicht ganz sauber sind, schmeckt das in ihnen aufbewahrte Wasser leicht brackig, und auch später muß man sie nach Gebrauch möglichst gut austrocknen: dazu stellt man sie, mit der Öffnung nach unten, auf ein Gerüst über dem Herd, wodurch sie mit der Zeit äußerlich glänzend schwarz werden; raucht das Feuer versehentlich zu viel, schmeckt das dann in ihnen geholte Wasser rauchig. Auch mögen die Tontöpfe das Wasser kühler halten: die Mru schütten es deshalb im Haus gelegentlich in solche Töpfe um; im allgemeinen brauchen sie sie jedoch vorwiegend zu einem Zweck: um darin Bier anzusetzen. Da Reisbier einen festen Platz in allen Zeremonien hat, Ton zur Herstellung der Töpfe jedoch in den Bergen nicht vorkommt, die Mru (wie auch die anderen Ethnien der Hill Tracts) nicht zu töpfern verstehen, dürften diese Töpfe zu denjenigen Gütern gehören, für deren Erwerb die Mru schon immer auf die Ebenenbevölkerung angewiesen waren.

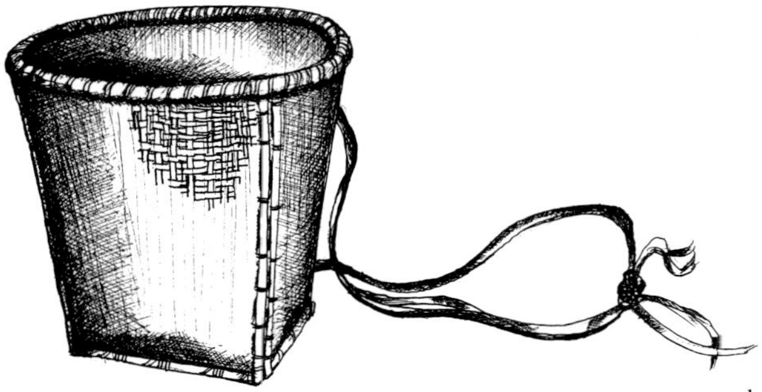

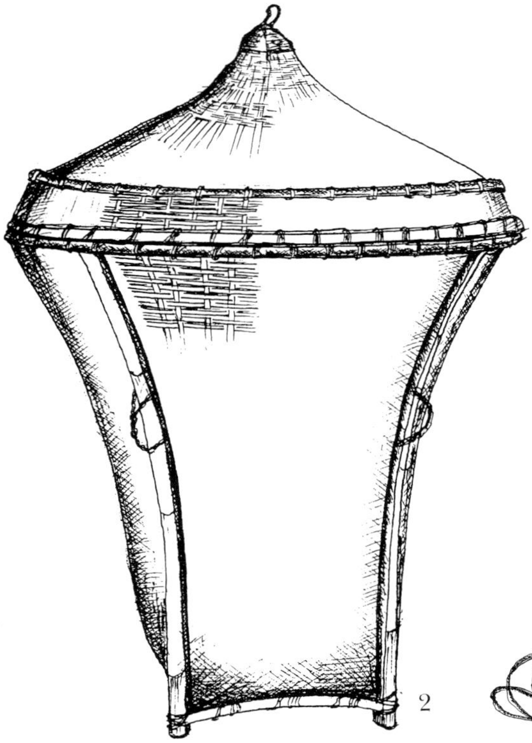

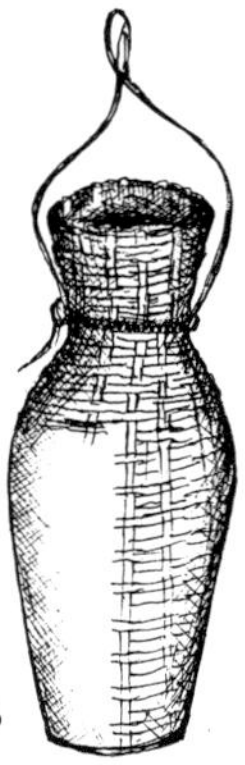

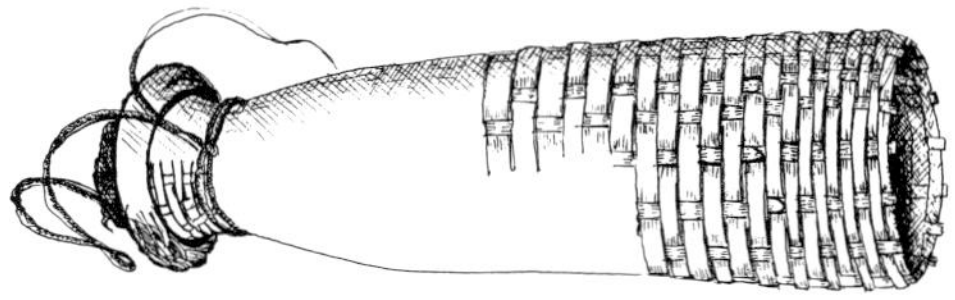

Junge Frau durchwatet einen Bach auf dem Weg zur nahen Quelle. Im Korb trägt sie Kürbisflaschen (z. T. mit einem Bananenblatt verstöpselt), in die sie das Trinkwasser füllt. Kamerascheu hält sie sich die Hand vor das Gesicht.

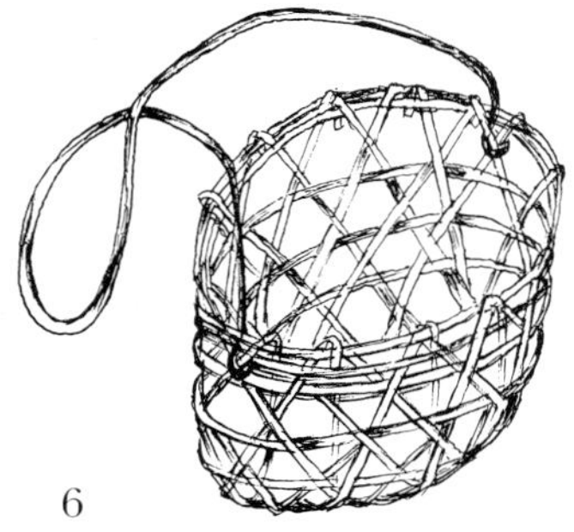

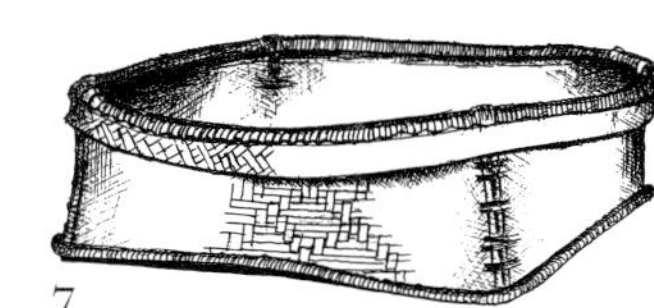

1 Tragkorb für Männer, Leinenbindung mit Tragriemen aus Rindenbast. Höhe 28 cm.
2 Vorratskorb mit Deckel und kurzen Füßen. Massiver, doppelwandig geflochtener Behälter, in dem Kleidungsstücke und Wertsachen aufbewahrt werden. Höhe ca. 100 cm.
3 Körbchen in Vasenform, Leinenbindung, dient zum Aufbewahren von kleinen Fischen und Garnelen oder Fruchtsamen.
4 Fischreuse, in Leinenbindung geflochtener Körper mit starkem Randwulst. Innen bis etwa auf halber Höhe befindet sich ein konisch verlaufendes Geflecht, dessen Kettstreifen teilweise freiliegen. Ein rundovaler Flechtkorken dient als Verschluß der kleineren oberen Öffnung. Zum Fangen kleiner Fische und Garnelen. Durchmesser 11 cm, Länge 42 cm.
5 Geflochtener Tragriemen.
6 Offen geflochtener Tragkorb für Hühner, mit Tragband aus Rindenbast.
7 Schmuckkörbchen mit quadratischem Grundriß aus dunkelrot und schwarz gefärbten Bambusstreifen in Köperbindung. Höhe 5 cm.

Die runden Tontöpfe müssen gekauft werden. Auf dem Bazar tragen die Mru-Frauen immer ihre Umhangtücher, die ebenfalls vom Markt stammen (z. B. als Geschenk eines jungen Mannes für seine Freundin).

Ein anderes, täglich wichtiges und uraltes Importgut wurde schon erwähnt: Eisen. Ohne Haumesser kann ein Mru keinen Bambus bearbeiten, und ohne Bambus hätte er keine Wohnung und keine Körbe. Und das Haumesser, das ein Mru so regelmäßig bei sich trägt wie unsereins sein Portemonnaie – nur nicht in der Tasche, sondern im Korb oder, bei Männern, meist im Gürtel des Durchziehschurzes – ist zugleich sein Universalinstrument. Mit dem Haumesser schneiden die Mru alles, vom Größten bis zum Kleinsten, auf die verschiedenste Weise. Ältere Exemplare werden umgeschliffen und dienen, mit einer schmalen Schärfe am vorderen Ende, als Grabstock. Aus Eisen sind aber auch die Spitzen der Speere; daneben gibt es Pfeile und Speere, die ganz aus Eisen sind. Für das praktische Leben haben diese Geräte keinen Nutzen mehr, außer daß man Rinder mit dem Speer tötet, aber dies nur zu Festen, und ebenda spielen die einstigen Waffen noch eine wichtige Rolle für den zeremoniellen Geschenkaustausch.

Ebenfalls zu den importierten Metallgegen-
ständen gehört ein Satz von drei Tellergongs,
der für einige wichtige Zeremonien
gebraucht wird. Jedoch verfügen nur reiche
Haushalte darüber, und noch seltener sind
große Buckelgongs, die in Burma hergestellt
werden. Ebenso selten finden sich in gewöhnlichen Haushalten Tische, Stühle oder
Schränke – das einzige Holzmöbel, wenn
man es so nennen will, ist ein halbierter und
in seiner Rundung wohlgeglätteter Baumstamm, der als Kopfunterlage dient. Gleichfalls aus Holz und in jedem Haushalt täglich
gebraucht sind der große Mörser und der
Stössel für die Enthülsung des Reises sowie
der Schweinetrog. Aber damit sind wir beim
Bereich der Ernährung, der Gegenstand des
nächsten Kapitels sein soll.

Die Regenzeit geht zu
Ende. Der Reis ist ge-
erntet und wird von der
Feldhütte über glitschige
Bergpfade nach Hause
getragen. Obenauf ein
paar Kürbisse.

<
Zum Dreschen des Reises
benutzen die Mru ihre
Füße. Beim Durchwalken
der Bündel lösen sich die
Körner von den Stielen.

>
Die Ähren des Bergreises
häufen sich im großen
Erntekorb, den die
Schnitterin an einem
geflochtenen Band
auf dem Rücken trägt.

Nächste Doppelseite:
Auf Flechtmatten, die
über die Außenplattform
des Feldhauses gebreitet
sind, treten die Männer
den Reis aus, der im Feld
von einer Arbeitsgruppe
der Frauen geschnitten
wurde.

Eine leichte Brise hilft,
zurückgebliebene
Halmstückchen von den
Körnern zu trennen.

Wenn der Wind nicht hilft, dient die Worfelschwinge
als Fächer, während man mit dem Fuß eine Ladung Körner
in die Luft stößt.

Nachdem der Reis eingebracht wurde, gibt es auf dem Feld noch
manches zu ernten, hier z. B. die sauren Früchte der Rosella,
einer Hibiskus-Art, die neben dem Reis an den Feldrändern
ausgesät wurde.

Anfang Mai wird die neue Saat in das zuvor geschwendete Feld
eingebracht. Stämme geschlagener Bäume, die den Brand
überstanden haben, werden quergelegt, damit die einsetzenden
Regenfälle das Erdreich weniger leicht abspülen können.

Frauen-Körbe mit ihrem offenen Geflecht dienen nicht nur als
Transportmittel, sondern auch als Fanggerät für Fischlein,
Garnelen und anderes Kleingetier, das sich unter Steinen oder
im Sand flacher Gewässer verborgen hält.

Rechte Seite:
Zur Essenspause beim Fischen werden große Bananenblätter
ausgebreitet. An Ort und Stelle gegarte kleine Fische und Krebse
bilden die Beispeise zum mitgebrachten Reis.

< Badende.

> In größeren Bächen, wie hier im Twain, kann man mit dem Netz fischen. Die Netze werden auf dem Bazar gekauft.

<
Ein Baumhörnchen ist in
eine Schwippgalgenfalle
geraten, die auf einem
Bambusrohr befestigt
wurde.

>
Ein Junge spießt Käfer,
die er aus dem Boden
gegraben hat, auf einen
Zweig. Geröstet und
gesalzen schmeckt die
Insektenkost nußähnlich.

Jeden Tag stampfen die Frauen und Mädchen die tägliche
Reisportion für die Familie – in der Trockenzeit vor dem Haus,
während der Regenzeit im Haus.

Rechte Seite:
Ein Mru-Haus in den Bergketten südlich des Matamuri
unter dem blauen Himmel eines Dezembertages. Vorn die
offene Plattform, rechts davon ein Speicherhaus.
Links, tiefer am Hang, ein zweites Haus.

<

Nach dem Enthülsen und Worfeln verbliebene Unreinheiten werden mit der Hand ausgelesen.

>

Der im Mörser im Haus enthülste Reis wird auf der offenen Plattform geworfelt. Im Hintergrund zum Trocknen an der Sonne auf Matten ausgebreitete Reiskörner.

Ein kleiner Nager hat sich in einer Falle nahe dem Feld
gefangen. In einer Feuerstelle unterhalb des Feldhauses wird er
alsbald geröstet.

Die tägliche Nahrung wird auf dem Herd gekocht, der sich an der Seitenwand des Hauptraumes befindet. Boden und Wände des Herdes sind mit Lehm verstrichen. Darüber ein Hängeregal, auf dem u. a. Flaschenkürbisse getrocknet werden. Rechts an der Wand Feuerholz, im offen geflochtenen Körbchen Teller und Schüsseln.

Nächste Doppelseite:
Menlongs Familie, die Frauen kniend, die Männer hockend, bei der Mahlzeit. Zum Reis gibt es Gemüse und scharf gewürzten Trockenfisch. Wasser wird aus Kalebassen getrunken. Der Hund wartet geduldig auf Abfälle.

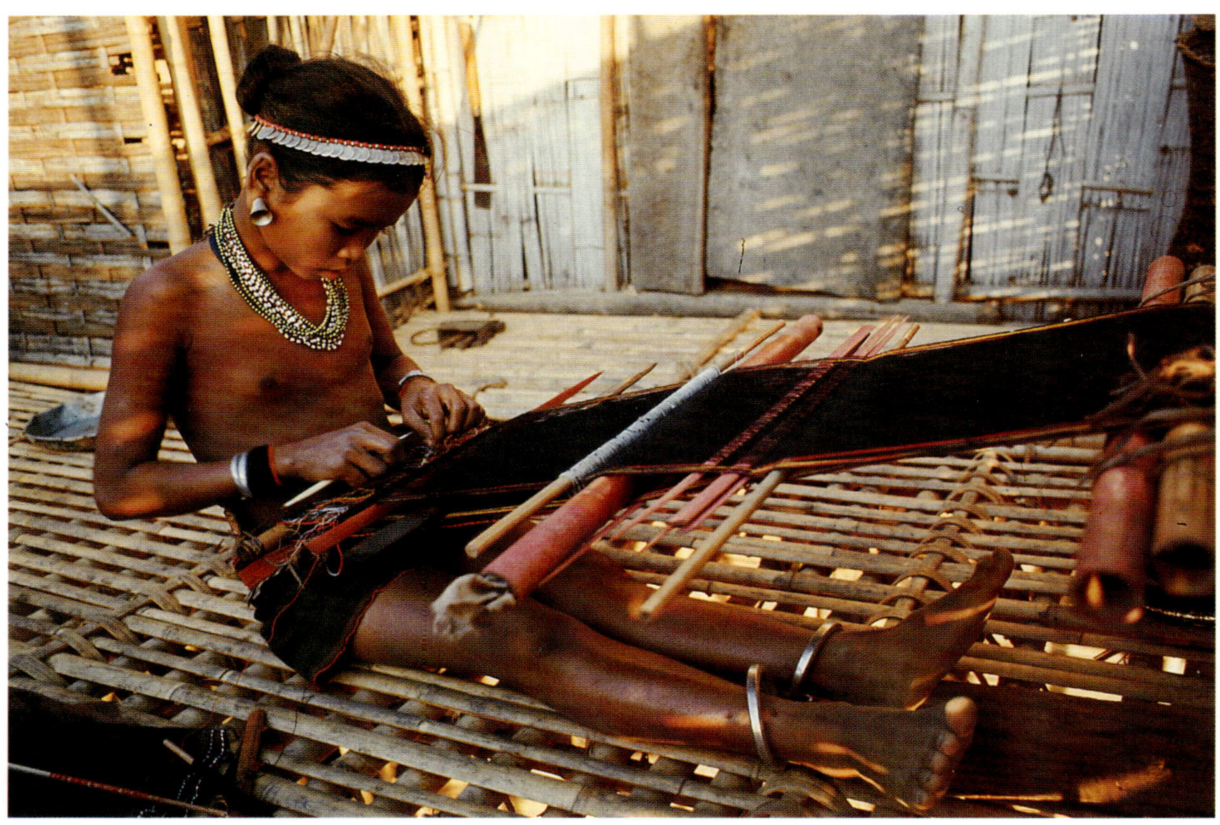

Zum Weben benutzen die Mru-Frauen den
Rückenspannwebstuhl. Aus der indigogefärbten Kette entsteht
ein neuer Rock. Derzeit ist die Weberin mit dem Eintragen
der Fäden für die Schmuckbordüre beschäftigt.
Die zwei Kettbäume (rechts) klemmen das Tuch so ein,
daß es nicht rutschen kann.

Rechte Seite:
Zum Entkernen der Baumwolle benutzen die Mru-Frauen
eine einfache Maschine. Die beim Durchmangeln
zurückbleibenden Samenkörner fallen in ein untergestelltes
Körbchen.

Nicht nur für den Eigen-
bedarf benötigte Baumwolle
wird in Körben, die je 40 kg
fassen, zu den Aufkauf-
plätzen transportiert.

Hier entsteht die Stoffbahn für eine Arbeitsjacke.
Die Weberin hat durch Hochziehen des Litzenstabs das
Gegenfach gebildet und hält es mit dem hochkant gestellten
Schwert offen. Der gerissene Schußfaden mußte aus der Kette
gezogen und neu angeknüpft werden. Jetzt schiebt sie das
Schiffchen an der fraglichen Stelle wieder ins Fach.

Rechte Seite:
Diese Frau webt eine Stoffbahn für eine Schlafdecke.
Ihr Mann hockt im Türrahmen und flicht einen Korb.

Die millimetergroßen Perlchen auf die selbstgesponnenen
Fäden zu fädeln, ist eine mühsame Arbeit. Alle Perlen werden
auf dem Bazar gekauft, doch ihre Verarbeitung zu Schmuck
ist ganz Sache der jungen Mädchen.

Linke Seite:
Weiße, grüne und schwarze, aber vor allem rote Perlenbänder
gehören zum beliebten Schmuck der jungen Frauen und
Mädchen der Mru. Gelegentlich färben sich junge Leute, die
besonders auffallen wollen, das ganze Gesicht rot.

Nahrung und Kleidung

Wie bereits in der Einleitung gesagt, sind die Bewohner der Hill Tracts in erster Linie Feldbauern. Mit einem Pflug bestellbare Felder, ob bewässerbar oder nicht, besitzt nur ein Teil der Chakma, Marma, Tipera und Sak. Am Matamuri gibt es auch ganz vereinzelt ein paar Mru, die pflügen, alle anderen legen ihre Felder an den Berghängen an, wo keinerlei Pflugbau möglich ist. Terrassenkulturen, wie sie sich vor allem in Sri Lanka und auf Luzon finden, gibt es in den Chittagong Hill Tracts nicht; daß sie überhaupt nicht möglich wären, darf bezweifelt werden — an den meisten Stellen ist jedoch das für die Abstützung des Terrains nötige Gestein einfach nicht vorhanden. Will man eine Abspülung der dünnen Humusschicht durch die Monsunregen vermeiden, kann auch nicht in dem Sinne gerodet werden, daß der bisherige Bewuchs bodentief entfernt wird. Deshalb wird nur der oberirdische Bewuchs abgeschlagen und verbrannt, das Wurzelwerk aber intakt gelassen. Diese im Gegensatz zum bodentiefen Roden als Schwenden bezeichnete Methode belastet jedoch den Boden insofern doppelt, als jetzt zusätzlich zum alten Wurzelwerk noch die Kulturpflanzen eingebracht werden: der verfügbare Nährstoffgehalt nimmt rasch ab, und dementsprechend sinkt der Ertrag, wenn der Boden auf diese Art noch ein zweites Jahr genutzt wird. Langjährige Brachzeiten sind erforderlich, um einen Sekundärwald aufkommen zu lassen, unter dem sich die Nährstoffe wieder auffüllen.

Darüber, daß auf den Sandsteinhängen der Tropen der Schwendbau eine wohlangepaßte Form der bäuerlichen Landnutzung für den Eigenkonsum ist, besteht heute in der Wissenschaft kein Zweifel mehr. Ebenso unbezweifelbar ist aber auch, daß diese Methode, die (weniger korrekt) auch als Brandrodung oder wandernder Feldbau bezeichnet wurde, sich bei den staatlichen Organen kaum je einer Sympathie erfreute. Die Kolonialverwaltung sah hier zunächst nur kostbares Nutzholz in Flammen aufgehen; und seit bekannt ist, daß eine kombinierte Land- und Forstwirtschaft durchaus möglich ist, sofern nur genügend Boden zur Verfügung steht, um die Brachzeiten lang genug zu halten, beschränkt man sich auf das Argument, der Schwendbau sei ein Element rückständiger Zivilisation und nicht entwicklungsfähig, was insofern nicht stimmt, als mit der gleichen Methode auch sogenannte Cash-Crops, primär der Vermarktung dienende Produkte (wie Baumwolle, Tee etc.), angebaut werden können. Richtig ist jedoch, daß mit Schwendbau nie die gleichhohe Bevölkerungsdichte wie mit Ackerbau erreicht werden kann. Nur — das liegt nicht an der Methode, sondern an den naturgegebenen Voraussetzungen. Und bei steigender Bevölkerungszahl erweist sich Schwendbau in der Tat als eine sehr prekäre Form der Landnutzung, wie wir gleich sehen werden.

Die natürlichen Bodenqualitäten können recht unterschiedlich sein; in den Hill Tracts lassen nur solche Böden eine Bestellung in zwei aufeinanderfolgenden Jahren zu, die zuvor mindestens 12 Jahre geruht haben — und die gibt es, angesichts des Bevölkerungsdruckes, nur noch in Reservationsforsten. Aber auch bei nur einjähriger Bestellung gilt: je kürzer die Brache, desto schlechter der Ertrag. Solange noch genügend gute Böden zur Verfügung stehen, ist der Bauer also daran interessiert, auch die Brache möglichst lang zu halten; sobald jedoch, bei steigender Bevölkerung, in zunehmendem Maße schlechtere Böden mit einbezogen werden,

Beim Spinnen. Die ganze Aufmerksamkeit gilt dem Faden, den die Linke hochhält, während unten die mit der Rechten in rasche Umdrehung versetzte Handspindel hängt.

sinken verständlicherweise auch die Brachzeiten für die besseren Böden. Kürzere Brachzeiten und schlechtere Böden bedeuten aber weniger Ertrag auf der gleichen Fläche, mithin, um den Ertrag zu halten, eine Ausweitung des bestellten Areals, was wiederum nur möglich ist, wenn Böden noch geringerer Qualität einbezogen und die Brachzeit weiter gesenkt wird. Diese Spirale kann sich jedoch nicht endlos weiterdrehen, da größere Felder ja auch mehr Arbeit bedeuten und irgendwann die Familie nicht mehr genügend Arbeitskräfte hat, um mit dem Jäten nachzukommen.

Je kürzer die Brachzeiten werden, desto mehr setzt sich im ursprünglichen Bewuchs, dessen Wurzeln im Boden bleiben, eine Grasart *(Imperata)* durch, deren Wurzeln queckenartige Geflechte bilden, deren Halme aber weit über mannshoch werden können; außer zum Dachdecken finden sie keine Verwendung, und den gleichen Dienst tun auch Bambusblätter. Wenn eine Familie mit dem Jäten nicht nachkommt, überwuchert dieses Imperata-Gras alsbald den Reis und erstickt ihn. Wird eine Fläche nur alle fünf bis sechs Jahre abgebrannt, besteht keine Gefahr der Vergrasung, obschon der Bambus langsam abstirbt. Brennt eine Fläche jedoch drei Jahre hintereinander ab, kann sich auch der andere Bewuchs gegen das Gras nicht mehr durchsetzen, und es entsteht eine Grashalde, die auf mindestens 10 Jahre hinaus für den Feldbau verloren ist, zumal das Gras dem Boden die gleichen Nährstoffe entzieht wie der Reis.

Wie wichtig die Bodenqualität ist, mag daraus ersehen werden, daß auf ausgeruhten Böden Erträge bis zum Achtzigfachen der Einsaat erreicht werden, auf ausgelaugten Böden der Ertrag (bei ungünstigen Witterungsverhältnissen und Insektenbefall) aber auf weniger als das Fünffache zurückgehen kann, so daß der Bauer kaum mehr zurückerhält, als er eingesät hat. Der Hunger ist dann unabwendbar, zumal inzwischen auch das frühere Mittel im Falle einer Mißernte nichts mehr bringt: Auf wildwachsende Knollen

und Jagdbeute kann man nur zurückgreifen, wenn relativ viel Land unbestellt bleibt und auch diese Ressourcen nicht alljährlich zu stark beansprucht werden.

Unter diesen Umständen hängt viel davon ab, daß der Bauer die Ertragsfähigkeit der zur Verfügung stehenden Areale richtig einzuschätzen weiß. Den Anhaltspunkt dafür liefert ihm der Zustand des derzeitigen Sekundärwuchses. Zudem wird er das Risiko einer Mißernte verringern, wenn er sich nicht nur einen Feldplatz aussucht, sondern mehrere. Aber in dieser Wahl ist er nicht völlig frei, vielmehr muß er auch die Wünsche der anderen berücksichtigen. Es gibt nämlich kein Privateigentum an Boden. Gäbe es das, gäbe es längst auch einen Bodenmarkt, reiche Familien mit viel Land, die es noch verpachten können, und andere, die nichts mehr besitzen. Die Regierung hat bereits die Möglichkeit geschaffen, Landeigentümer zu werden, die Bewohner wissen jedoch um die unweigerlichen Folgen und beharren darauf, daß jedermann Zugang zum Boden haben sollte. Wohl gibt es ein ungeschriebenes Gesetz, nach dem der erste Anwärter auf ein Feldareal derjenige ist, der es bereits in früheren Jahren einmal bestellt hat, doch die Familiengrößen ändern sich mit der Zeit. Der eine braucht mehr, der andere weniger, weil vielleicht die Kinder inzwischen einen selbständigen Haushalt gegründet haben. Aber diese neuen Haushalte brauchen jetzt ihrerseits Land. Auch wer in einem Jahr zu wenig geerntet und sich verschuldet hat, sollte im nächsten ein größeres Areal bearbeiten können – aber auch nicht mehr als seine Familie jäten kann.

Dazu kommen weitere Überlegungen, die mit der Erhaltung einer Holz- und Bambusreserve für das Dorf zu tun haben, andere beziehen sich auf die gegenseitige Lage der neuen und alten Feldflächen (letztere sollten nicht, und sei es auch nur aus Versehen, ein zweites Mal abbrennen), und schließlich können auch noch die Geister ein Veto einlegen. Hat man sich im Dorf in verschiedenen

Gesprächen der Haushaltsvorstände geeinigt, stellt jeder am Rande seines zukünftigen Feldes ein Zeichen (bestehend aus einem gekreuzten Bambus) auf und beobachtet die Traumzeichen der folgenden Nacht. Sind sie negativ, suchte man sich früher ein neues Feld, heute wird nur die geplante Lage geringfügig gerändert. Sobald alle einverstanden sind, kann ohne weiteres mit dem Schlagen begonnen werden. Die dazu nötige Zeit kann je nach Bewuchs ziemlich stark variieren, doch bleibt zwischen Januar und März dafür genügend Spielraum. In einem ersten Durchgang wird von unten nach oben fortschreitend das Unterholz geschlagen, Frauen und Kinder helfen mit, alle mit einem Haumesser bewaffnet. Die größeren Bäume nimmt man sich erst beim zweiten Durchgang vor, und dies ist ausschließlich Männersache; diesmal wird auch die Axt benutzt. Früher war es üblich, alle Bäume, auch die größeren Hartholzbäume, zu fällen – die Mru lieben ein sauberes Feld; jetzt läßt man

diese stehen und schneitelt sie nur, da man sie vielleicht später noch nötig hat und sie inzwischen der schnelleren Wiederbewaldung dienlich sein können – sofern sie den Brand überstehen.

In den ersten Apriltagen – der April ist der heißeste Monat des Jahres – ist das Geschlagene hinreichend ausgetrocknet, so daß man mit dem Brennen beginnen kann. Damit ein Feuer nicht unkontrolliert von Feld zu Feld überspringt, werden zuvor die Tage genau abgesprochen, und zwar nicht nur innerhalb des Dorfes, sondern vorweg auch zwischen den Dörfern, wozu die Karbari im Dorf des Headman zusammenkommen. Die Pfade, die eventuell durch die Felder führen, werden mit besonderen Zeichen abgesperrt; rundherum werden breite Schneisen von möglichst allem Brennbaren gesäubert. Bündel langer gespaltener Bambus werden bereitgelegt, sie dienen als Fackeln. Außerhalb des Feldes wird ein kleines Feuer entzündet, und dann läuft man mit den Fackeln möglichst

rasch rundum und setzt das Geschwende von
außen her an mehreren Stellen in Brand, so
daß sich das Feuer von außen nach innen verstärkt. Abgebrannt wird morgens oder
abends, da dann meist Windstille herrscht.
Wird ein Feld sehr nahe beim Dorf abgebrannt, wartet man sogar bis zum Einbruch
der Dunkelheit, um den Funkenflug besser
beobachten zu können. Fliegen Funken auf
ein Dach, das zu dieser Jahreszeit noch trok-
kener ist als das Feld, kann das ganze Haus
und damit auch das ganze Dorf Feuer fangen. Da alle Vorräte und alles Saatgut im
Haus aufbewahrt werden, bedeutet das
neben allem anderen vor allem den Verlust
der Nahrung für das nächste halbe Jahr; deshalb werden zur Vorbeugung auf jedem
Hausdach Männer plaziert, ausgerüstet mit
Wasserkanistern und Schöpfkellen einerseits
und Bananenblättern (bei uns würde man
Decken nehmen) andererseits.

Wenn sich im Dschungel das Feuer durch
Funkenflug und Schwelbrand trotz der
Schneisen am Boden weiter ausbreitet, beun-
ruhigt das niemanden weiter: der Schwelbrand ergreift nur trockenes Laub und Gras
und kommt spätestens am nächsten Pfad zum
Stehen. Büsche und Bäume bleiben davon
unbehelligt: trotz der vorangegangenen halb-
jährigen Trockenzeit ist (man denke an die
allnächtlichen Nebel) die Feuchtigkeit noch
groß genug, so daß grünes Holz nicht in
Brand gerät.

Auf dem geschwendeten Feld bleiben nach
dem Brand noch Stämme und Äste zurück,
die nur angekohlt sind. In diesen Tagen, in
denen der Himmel über den Hill Tracts so
grau vom Rauch ist, daß man die Sonne nicht
mehr sieht, beginnt für die Männer die
schmutzigste Arbeit des Jahres: wie schwarze
Kobolde steigen sie im Feld umher, um die
verkohlten Reste einzusammeln und am Feld-
rand aufzuhäufen. Sie dienen später als
Brennholz, wenn man sich während der Feldarbeit ein Essen bereiten will. Was auch nach
Abschlagen aller Aststümpfe mit vereinten
Kräften nicht vom Feld gezerrt werden kann,

<

Von den Überresten des Brandes gesäubertes Feld. Im unteren Teil der Hänge sind kleinere Erdrutsche zu erkennen: deutliches Zeichen der Bodenerosion.

>

Ein junger Mann bringt mit dem Grabstock die Saat (Reis- und Baumwollkörner gemischt) in die Erde. Im Ohr trägt er eine Champaca-Blüte, zwischen Haarknoten und Turban steckt die Tabakspfeife.

<

Am *tur-tut*, dem Ritualplatz des Feldes, wird vor Beginn der Aussaat ein Ferkel geopfert.

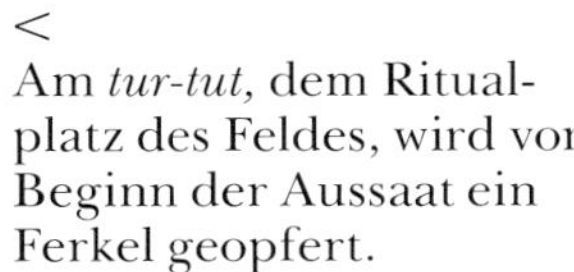

wird mindestens quer zum Hang plaziert, dient so als Schutz vor möglichen Abspülungen einerseits und, nachdem die Saat aufgegangen ist, als Feldweg andererseits. Die verbleibende Asche düngt das Feld, vorausgesetzt, die ersten Regenfälle lassen nicht mehr lang auf sich warten (sonst wird sie inzwischen vom Wind verweht, zum Einhacken ist der Boden vor dem Regen noch zu hart) und sie setzen nicht zu stark ein, sonst wird sie wieder abgeschwemmt.

Ohne die Erweichung der Bodenoberfläche durch diese ersten Regen ist es auch äußerst mühsam, die Saat in den Boden zu bringen. Überhaupt beginnt jetzt die Abhängigkeit von jenen Kräften, die man auch mit den besten Bodenkenntnissen nicht steuern kann. In der Hoffnung, sie günstig zu stimmen, opfert man vor Beginn der Aussaat ein Ferkel und befragt die Geister, wie groß die Ernteaussichten sind. Als Ort, an dem das Opfer dargebracht wird, kommt der Stumpf von vier bestimmten Baumarten in Frage; er

ist der gleiche, an dem man dann mit der Aussaat beginnt; er wird *tur-tut* genannt und gilt als der Ritualplatz des Feldes.

Die Auswahl des Saatgutes beginnt bereits mit der letzten Ernte. An Feldstellen mit besonders gutem Ertrag wird der voll und gleichmäßig ausgereifte Reis, nach Sorten getrennt, gesondert geerntet, getrocknet, ausgedroschen und geworfelt und dann in mit speziellen Blättern ausgelegten Körben aufbewahrt. Vor der Wiederverwendung wird er auf dem *tsar* (der offenen Plattform des Hauses) nochmals der Sonne ausgesetzt und vom Leergut gesäubert. Im allgemeinen hebt man mehr an Saatgut auf als letztlich gebraucht wird; den Überschuß verzehrt die Familie, er wird nie verkauft, einerseits weil es sich um Reis bester Qualität handelt, der Verkaufspreis sich jedoch nur nach dem Gewicht richtet, andererseits aber auch, weil die Vorstellung besteht, die neue Ernte könnte durch den Verkauf des Restes geringer ausfallen. Sollte jemand also aus irgend einem Grunde keinen Saatreis (mehr) haben, muß er sich mit der Qualität durchschnittlichen Konsumreises, für den auch die Sorten nicht strikt getrennt werden, begnügen.

Die Sorten variieren vom großkörnigen, wohlschmeckenden, weißen, gute Böden verlangenden Reis bis zum kleinkörnigen, harten, roten Reis, der auch auf armen Böden noch gedeiht; und obwohl auch die Mru den großen wohlschmeckenden Reis lieber essen, müssen sie sich jedoch, von der Qualität der zur Verfügung stehenden Böden her, in zunehmendem Maße mit den anspruchsloseren Sorten begnügen. In jedem Fall handelt es sich um Reissorten, die, abgesehen vom Monsunregen, keine weitere Bewässerung verlangen und in etwa fünf Monaten ausreifen. Wer bereits weiß, daß seine Vorräte bis dahin nicht mehr reichen, bestellt unter Umständen aber auch ein Feldstück mit dem in der Ebene üblichen Wasserreis, der in nur drei Monaten reift, dafür aber auf den Schwendfeldern nur ein Drittel des Ertrages der Trockenreissorten liefert. Im Gegensatz

113

zu diesem Notbehelf immer ausgesät wird etwas Klebreis, der zu speziellen und rituellen Anlässen nicht fehlen darf und dann nie in Töpfen, sondern in Bambusköchern zubereitet wird, auch ohne Zugabe von Zucker etwas süßlich schmeckt und (wie schon der Name sagt) sehr klebrig ist. (Bambusabschnitte dürften vor der Einführung der Metalltöpfe allgemein als Kochgefäße gedient haben; ins offene Feuer gehalten verkohlen sie nur äußerlich, ohne selbst in Brand zu geraten; sie sind jedoch nur einmal verwendbar.)

Auf ein und demselben Feld können mehrere Reissorten nebeneinander angebaut werden. Daneben findet sich noch eine ganze Reihe weiterer Feldfrüchte auf demselben Feld; keine Ethnie legt in den Schwendungen Monokulturen an. Was und wieviel im einzelnen Falle beigemischt wird, ist weitgehend dem Gutdünken überlassen; nur im Falle der Baumwolle (die jedoch nicht im ganzen Feld, sondern nur am feuchten unteren Ende angebaut wird) besteht ein festes Mischungsverhältnis (5 kg Baumwollkerne auf 10 kg Saatreis). Dem Saatgut beigemischt werden verschiedene Arten von Kürbissen und Gurken (sie stellen den Hauptanteil des Gemüses), Bohnen, Süßrohr, Indigo u. a. Die Mischsaat wird zu Hause vorbereitet, in großen Körben auf das Feld genommen und dort in kleine Körbchen, die sich jeder um die Hüfte hängt, verteilt. Die Arbeit beginnt (wie immer) am unteren Ende des Feldes – wenn mehrere Familien im Arbeitsaustausch zusammenarbeiten, nach Geschlechtern getrennt. Jeder nimmt seinen Grabstock (ein altes Haumesser, dessen Spitze in die Form eines Beitels umgeschliffen wurde) in die rechte Hand, eine Handvoll Samen in die linke, sticht das Messer in die Erde, zieht zurück, so daß sich ein Spalt öffnet, wirft 10–15 Samen ein, zieht das Haumesser heraus, sticht es etwa 30 cm weiter oben wieder ein, wiederholt den Vorgang und schiebt beim Bergansteigen mit seinen Füßen nebenbei die Löcher wieder zu; meist rollt von allein genügend lockeres Erd-

Alte Form der Tabakspfeife, wie sie von den Männern der Mru, Khumi und Bawm noch benutzt wird. Kopf aus Holz, mit sanduhrförmigem Kessel, in den oben ein Aluminiumring eingesetzt ist. Im Boden befindet sich ein Weichholzstöpsel, der zum Säubern herausgenommen werden kann. Der schräg eingesetzte Stiel aus dünnem Bambus läßt sich beliebig auswechseln.

reich vom Rand in das Loch zurück. Arbeiten 10 Leute zusammen, bringen sie in weniger als zwei Stunden auf diese Art 10 kg in den Boden und bestellen damit eine Fläche von etwa einem Morgen. Nicht eingemischt, aber wie der Reis eingestochen, werden Pflanzen, die sich mit dem Reis nicht gut vertragen: Mais, indische Linsen und Rosella-Eibisch; desgleichen an dafür geeigneten Stellen rankende Gemüsepflanzen (der Arten *Luffa* und *Momordica*). Wenn der Boden nach mehreren Regen etwas weicher ist, folgen Stecklinge von Knollenfrüchten, wie Taro, Yams, Süßkartoffeln sowie Ingwer und Gelbwurz. Als Wurfsaat ins Feld und an den Wegrändern eingebracht werden Hirse, Auberginen und schließlich auch bunte Blumen und wohlrie-

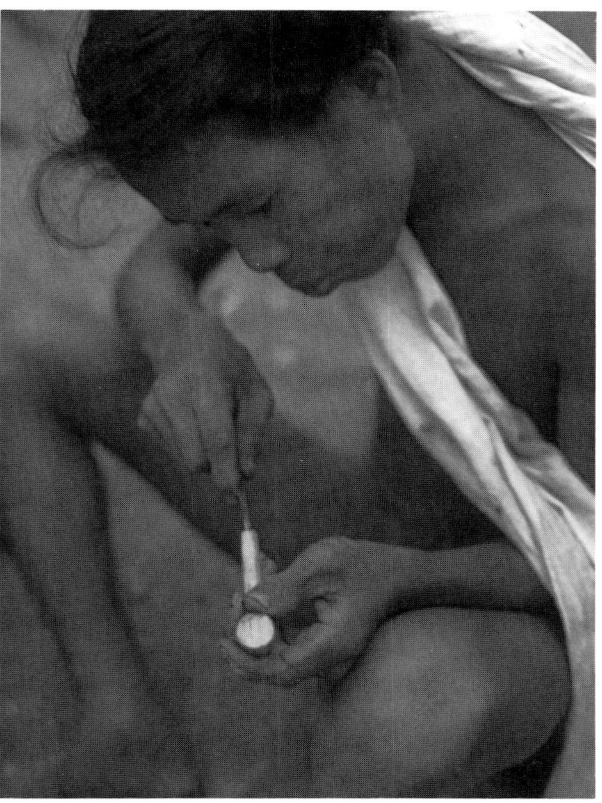

Junge beim Ausbohren des Stiels einer Pfeife der moderneren Art. Kopf und kurzer Stiel mit Knie werden aus einem Holz geschnitzt, das Mundstück wird angesetzt. Der Säuberung dient eine verschließbare Öffnung an der Oberseite des Knies. Ein in den Kessel des Kopfes eingesetzter Aluminiumring sorgt dafür, daß das Holz nicht anbrennt.

riechende Blätter liefernde Pflanzen. Besonderer Behandlung bedürfen Chili-Pfeffer und Tabak.

Anfang Mai werden, je nach Platz, gleich neben dem Haus oder etwas außerhalb des Dorfes Gärtchen angelegt. Der Boden wird etwas aufgehackt und, indem man darauf Holz verbrennt, mit Asche gedüngt; dann wirft man zuvor aus den Schoten gelöste Pfefferkörner darüber und wässert. Sobald die Saat aufgeht, wird sie täglich zweimal gegossen, anfangs mehr, später weniger, bis zum Einsetzen der Regen. Im Juni werden die Pflanzen (mit dem Haumesser) ausgegraben und ins Feld umgepflanzt – zwischen den mittlerweile sprießenden Reis nur dann, wenn der Boden sehr gut ist, deshalb meist

auf ein gesondertes Feldstück, im Abstand von etwa einem Meter. Im August kann man erste Schoten pflücken; im Oktober, November und Dezember pflückt man dann etwa alle 10 Tage. Auf gutem Boden kann der Ertrag bei einem Kilo pro Busch liegen, im allgemeinen rechnet man jedoch nur mit 500 kg pro Morgen.

Tabak wird auf dem Berg im Juli unter dem Feldhaus ausgesät, so daß kein Regen darauf fällt. Im Oktober werden die bis dahin etwa 10 cm großen Pflanzen mit dem Haumesser ins inzwischen abgeerntete Feld, auf dem Reisstroh zum Verfaulen verteilt wird, umgepflanzt; ab März können die Blätter geerntet werden. In Flußnähe hingegen sät man Tabak erst Ende der Regenzeit (Oktober, November) ins Freie und pflanzt ihn dann im Januar in speziell dafür vorbereitete und eingezäunte kleine Felder am Flußrand um. Auch hier können ab März die Felder abgeerntet werden. Die Vorbereitung dieser Flußfelder ist äußerst mühsam, weil dazu auch das Wurzelwerk des hier wachsenden Imperata-Grases soweit wie möglich ausgegraben werden muß. Dafür sind dann die Erträge wesentlich höher als auf den Bergfeldern, und der Tabak ist wohlschmeckender. Geschätzt werden vor allem die oberen Blätter, die besonders lang werden, wenn man die Spitze der Pflanze vor der Blüte abbricht. Die Blätter werden zu Hause auf einen langen Bambusriemen gespießt und unter dem Dach zum Trocknen aufgehängt. Zum Gebrauch entfernt man die Mittelrippe und füllt sie zusammen mit den Spitzen und Rändern in die bessere Blatthälfte, die als Deckblatt dient; ein kleiner Baumwollfaden vor dem etwas dickeren Mundende hält das Ganze zusammen. Alt wie Jung liebt solch eine gute Zigarre; meist hat man jedoch nicht genügend Tabak, um auch nur eine pro Tag zu rauchen und behilft sich mit einem Pfeifchen hie und da. Sehr häufig ist die Verwendung eines Stückchens Tabakblatt als Priem; Zigaretten sind auf dem Markt erhältlich, aber auch in der schlechtesten Qualität auf die

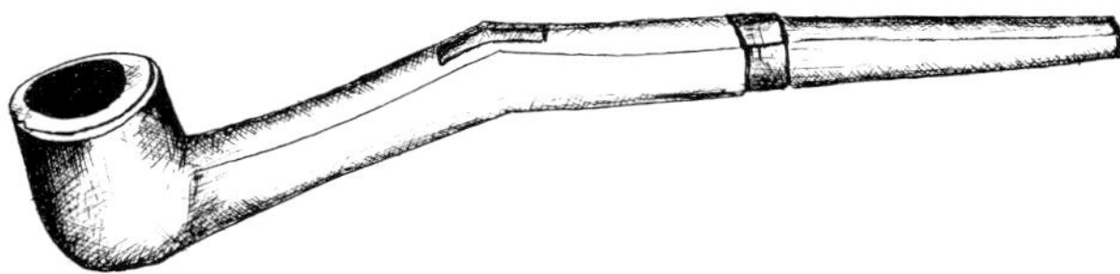

Dauer viel zu teuer. Selbst Streichhölzer können sich viele Leute nicht leisten (während der Regenzeit versagen sie sowieso ihren Dienst, wenn man sie nicht ständig über der Feuerstelle zum Trocknen liegen hat); zum Anzünden von Zigarre und Pfeife dient üblicherweise ein glimmendes Scheit oder ein Stück Glut aus dem Herd.

Während der Arbeit auf dem Feld gelegentlich eine Zigarettenpause einlegen ist also nicht möglich. Doch verstehen es die Mru, auch ohne Streichhölzer und während der Regenzeit auf dem Feld ein Feuer anzuzünden. Nötig ist dazu nur ein halbierter Bambus, in den eine kleine Kerbe geschnitten wird, und ein langer dünner, aber fester Riemen, der aus dem Rindenteil des Bambus geschnitten wird. Den halbierten und mit der Öffnung nach oben gelegten Bambus hält man mit beiden Füßen fest; der unter der Kerbe durchgeführte Riemen wird mit den Händen abwechselnd rechts und links kräftig hochgezogen; das dabei abgeriebene feinkör

nige Mehl sammelt sich im Inneren des Bambus neben der Kerbe, erwärmt sich und entzündet sich schließlich, solange man es nur durchhält, immer schneller zu ziehen und die Glut rechtzeitig durch leichtes Blasen zu entfachen. Und da sich während der Regenzeit in der Nähe des unteren Feldendes fast immer ein kleiner Bach findet, kann man sich auch auf dem Feld eine Mahlzeit kochen.

Da die Mru während der Monsunzeit nicht auf dem Feld wohnen, können sie sich mit der Errichtung eines Feldhauses Zeit lassen. Einige errichten es bereits Ende April, andere warten damit bis August. Seine Hauptfunktion besteht darin, während der Ernte als Zwischenspeicher zu dienen. Es besteht aus einem einzigen kleinen Raum mit vorgebauter offener Plattform; alles, wie sonst auch, auf Stelzen. Wenn der Feldbesitzer keine Söhne hat, wird er ein paar Tage brauchen, bis es steht. Mit dem Bau im Juni oder Juli zu beginnen, mag nicht die beste Strategie sein, denn zu dieser Zeit werden

alle verfügbaren Arbeitskräfte eigentlich für das Jäten benötigt. Am leichtesten zu jäten sind ehemals mit Bambus bestandene Flächen; je mehr der Boden mit Imperata-Wurzeln durchzogen ist, desto mühsamer wird die Arbeit. Arbeitsaustausch zwischen den Familien ist in dieser Zeit nicht mehr üblich, und wenn in einer Familie (z. B. durch Krankheit) eine Arbeitskraft ausfällt, kann das den Verlust ganzer Feldpartien zur Folge haben, da der wieder ausschlagende Vorbewuchs (gleich welcher Art) die Reispflanzen sehr bald überwuchert. Wenn der Weg zwischen Dorf und Feld sehr weit ist und man anders mit dem Jäten nicht nachkommt, übernachtet man gelegentlich auch auf dem Feld. Zwischen Mai und Ende August müssen alle Geschwende dreimal gejätet werden; was später noch wächst, kann die Erntechancen nicht mehr beeinträchtigen. In den Jät-Monaten regnet es fast täglich; doch nur wenn es gar zu sehr gießt und stürmt, bleiben die meisten zu Hause. Die Pfade sind glitschig, an vielen Stellen wimmelt es von Blutegeln, alles ist naß, und auf dem Feld muß man mitten ins nasse Grün treten und greifen, ohne sicher zu sein, daß man trotz aller Vorsicht nicht doch mit einer der blattgrünen Vipern in Kontakt kommt, deren Biß tödlich sein kann. Auch der eifrigste Einsatz beim Jäten kann nicht verhindern, daß der Reis gelegentlich von Insekten befallen wird, die das Korn aushöhlen (die Gefahr ist bei den weniger schmackhaften Sorten geringer), oder daß die Pflanzen braun werden und die Körner leer bleiben – weder sind die Ursachen dafür bekannt, noch weiß man die Mittel dagegen. Zu einem unausweichbaren Totalschaden kann es führen, wenn Heerscharen von Ratten über das ganze Land ziehen und alle Felder kahlfressen; das passiert aber nur etwa alle 50 Jahre einmal, wenn der Bambus blüht und dann abstirbt.

In dieser unsicheren und schweren Zeit, während der in den meisten Familien bereits die Vorräte knapp werden, findet ein zweites Feldopfer statt. Ende Juli, Anfang August,

wenn der Reis blüht, wird am Bach unterhalb
des Feldes eine etwa 20 cm hohe Miniaturplattform errichtet, die an den vier Ecken mit
Bambusquasten versehen ist. Auf dieses Altärchen legt man, auf einem Stück Bananenblatt, nebst etwas Felderde ein paar Körner
gerösteten sowie etwas gekochten und zu kleinen Fladen gedrückten Klebreis. Nun bittet
man den Flußgeist um eine gute Ernte,
indem man einem mitgebrachten Huhn den
Hals durchschneidet, sechsmal Wasser über
den Hals schüttet und das Blut auf den Reis
austropfen läßt. Das gleiche wiederholt sich
auf dem Ritualplatz des Feldes, dem *tur-tut*,
nur benützt man diesmal statt des Bananen-
blattes ein Taroblatt von der hier gesteckten
Pflanze. Dieses Opfer richtet sich an den
Reisgeist. Neben die Miniaturplattform
steckt man einen Bambusabschnitt, in dessen
Rinde ein Muster geschabt wurde. Er dient
als Behälter für eine Mischung aus Wasser,
Zitronen- und Limonenblättern und etwas
Hühnerblut, die auf dem Rückweg mittels
einer kleinen Bambusquaste rechts und links
über das Feld verspritzt wird. Der Feldein-
gang wird mit zum Halbkreis gebogenen
Bambussspleißen symbolisch abgesperrt; die
Hühner werden wieder mit nach Hause
genommen und dort verzehrt. Auch die Mru
wissen, daß die symbolische Absperrung des
Zugangs zum Feld nur ihren Wunsch zum
Ausdruck bringt, die jetzt wachsenden Feldfrüchte möchten nicht allzusehr von Insekten, Vögeln und Tieren geplündert werden.
Gegen Insekten haben die Mru keine weiteren Mittel; Vögeln und Tieren rückt man
jedoch auch mit Jagdwaffen und Fallen zu
Leibe, und dies nicht nur, weil sie Nahrungs-
konkurrenten sind, sondern selbst auch als
Nahrung geschätzt werden.

Wohl sind Haustiere die hauptsächlichen
Fleischlieferanten, doch werden sie nur zu
besonderen Anlässen, vor allem zu Opfer-
zwecken, geschlachtet; Wildbret bietet da
eine höchst willkommene Ergänzung, und
eigentlich jedermann in den Hill Tracts
möchte gern ein guter Jäger sein. Flinten

besitzen allerdings nur die wenigsten; ein
striktes Lizenzsystem der Regierung, bei
dem der Erwerb der Lizenz meist teurer zu
stehen kommt als die Flinte selbst, macht den
Besitz für die meisten unerschwinglich. Vereinzelt sind sogar noch alte Vorderlader in
Gebrauch. Zudem: außer Dschungelhühnern, Tauben und gelegentlich einem der
prächtigen Nashornvögel, deren Fleisch
hochgeschätzt wird, gibt es nicht mehr viel,
worauf man mit dem Gewehr anlegen
könnte, es sei denn, man schieße auch Affen.
Das kleine und große Rotwild ist sehr selten
geworden; an seinen Wechseln stellen die
Mru Speerfallen auf, denen gelegentlich
auch Wildschweine und Raubkatzen (bis hin
zu Leoparden) zum Opfer fallen. Da Speerfallen auch Menschen töten können (wer die
aufgestellten Warnzeichen übersieht und die
Falle versehentlich auslöst, läuft zumindest
die Gefahr einer schweren Verwundung),
scheuen die meisten vor ihrer Verwendung
zurück. Häufiger verwendet werden die dem

Wenn der Reis blüht, fin-
det ein zweites Feldopfer
statt. Am *tur-tut* – er-
kenntlich an den Taro-
Blättern zwischen dem
Reis – wird ein mit Bam-
busquasten geschmück-
tes Altärchen errichtet,
über das man Hühner-
blut tropfen läßt.

Menschen ungefährlichen Schwippgalgenfallen, die es in verschiedenen Größen gibt und die vorwiegend auf Nagetiere (einschließlich Mäuse) angesetzt werden, mit denen man aber auch Fische fangen kann. Gerät ein Tier in die Schlinge der Falle, löst es damit zugleich eine Sperre, mit der ein herabgezogener dünner Baum oder Bambus in dieser Lage gehalten wurde, und wird folglich in der sich zuziehenden Schlinge nach oben geschleudert. Um die Chance zu erhöhen, daß das Nagetier auch in die Schlinge läuft, darf der Raum rechts und links nicht begehbar sein; am ehesten ist das der Fall, wenn man einen Stamm über ein Wasser legt und die Falle darauf befestigt. Aber man kann auch den ganzen Zugang zum Feld mit einem Zaun absperren und nur einige Öffnungen lassen, die mit Fallen bestückt werden; gegen Nager hilft das allerdings wenig, da sie die Absperrung überklettern oder durch den Zaun schlüpfen können; Laufvögel, insbesondere Dschungelhühner, lassen sich so jedoch

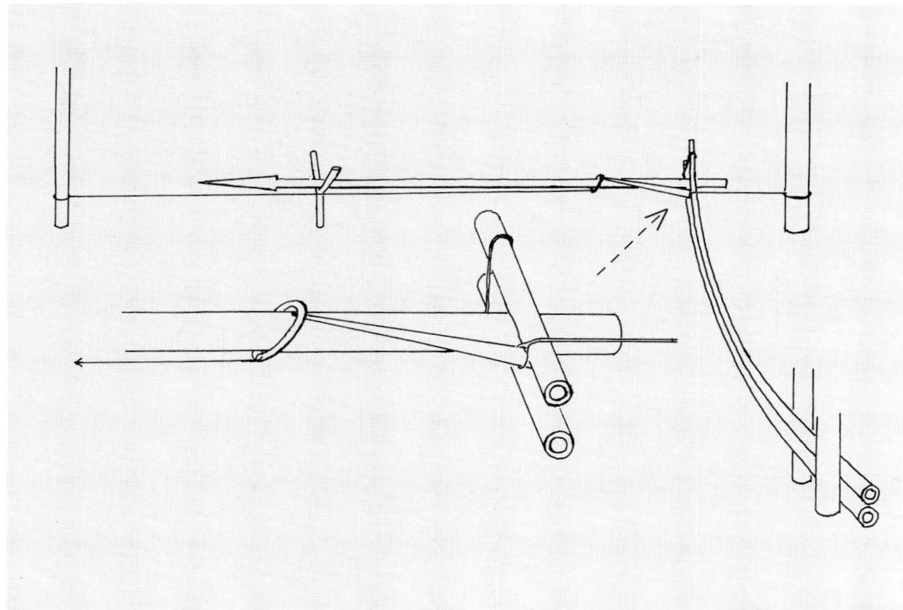

Speerfalle: Über den Boden des Wildwechsels (links vorn) wird eine dünne Liane gespannt, am Speer entlang geführt und an einer Ösenklinke (einem aus Bambussspleißen gedrehten Ring) auf dem Speerschaft befestigt. In diese Klinke reicht die Spitze des Klemmers. Mit dem dickeren (rechten) Ende des Klemmers, das mit einer Schnur an einem Baum befestigt wird, spannt man einen doppelten Bambus. Ein leichter Zug an der Liane läßt den Klemmer aus der Öse springen, und der zurückschnellende Bambus treibt den Speer nach links. Das Speerende ist mit dem Spannbambus verbunden, damit das getroffene Tier nicht mitsamt dem Speer entkommen kann.

Schwippgalgenfallen werden oft auf die schrägen
Verstrebungen der Hauswand aufgebunden:
Mäuse, die hier hinaufklettern wollen, ziehen, wenn
sie die dünne Schnur des Auslösers im Bambusdrei-
eck bewegen, die Stabklinke von der Spitze des
Klemmers. Der Klemmer springt – durch den Zug
der an einem herabgebogenen Bambus (dem
Schwippgalgen) befestigten Schnur – aus seiner
oberen Halterung. Das untere Ende der Schnur
rutscht auf den Schenkeln des Dreiecks nach oben
und erdrosselt das Tier.

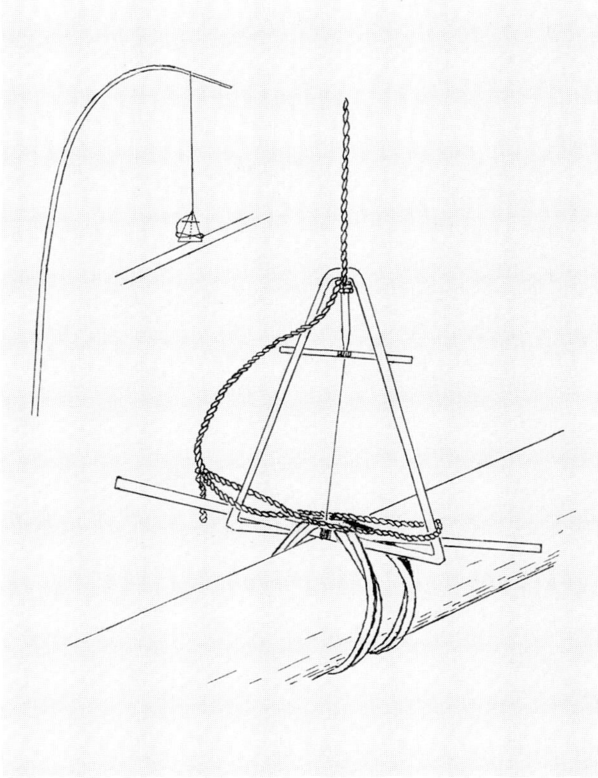

gut fangen. In der Balzzeit kann man sie auch mit Dohnen fangen, d. h. mit Schlingenfallen ohne Auslösemechanismus. Man bindet einen Haushahn als Lockvogel im Dschungel fest, stellt um ihn herum 20 und mehr Dohnen auf und versperrt die verbleibenden Zwischenräume durch Buschwerk und Bambusspleißen. Mit seinem Krähen lockt der Hahn nicht nur die erbosten Dschungelhähne zum Kampf an, sondern auch Dschungelhennen. Die Tiere laufen, den Kopf voran, in die Schlinge, die jedoch zu eng ist, um ihren Körper durchzulassen und sich stattdessen zusammenzieht.

Statt mit Schlingenfallen kann man eine Absperrung um ein Feld aber auch mit Schlagfallen ausrüsten. Mit diesen kann man außer Dschungelhühnern auch Nagetiere und Leguane fangen. Als Schlagbalken dient ein Baumstamm von etwa drei Metern Länge und 20 Zentimetern Durchmesser, der auf der Feldseite in eine Schlaufe an einem gekreuzten Bambus, vor dem Eingang jedoch

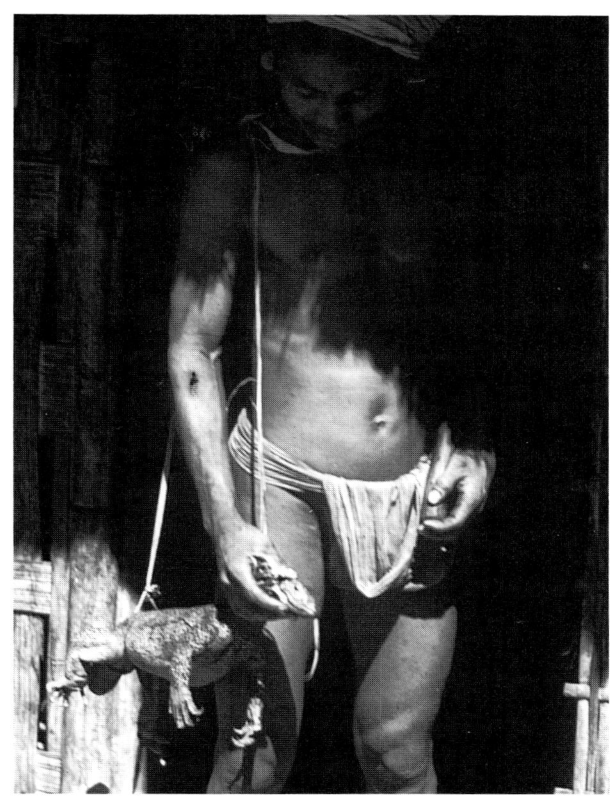

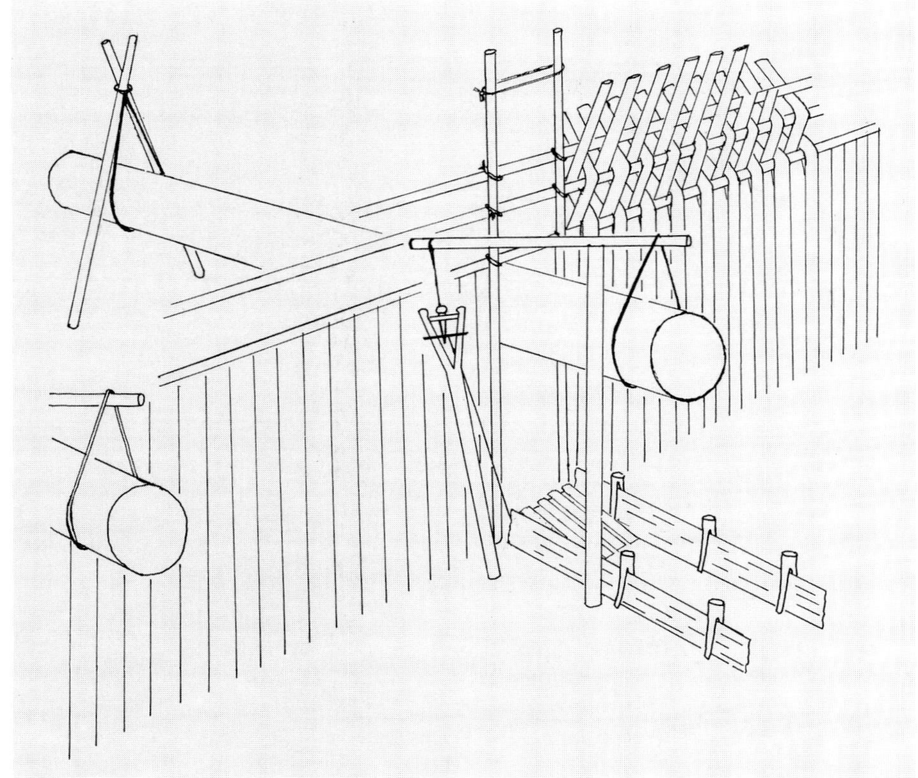

Schlagfalle: Der Auslöser funktioniert nach dem gleichen Prinzip wie bei der Schwippgalgenfalle. Wird die Stabklinke herabgezogen, schnellt der Klemmer hoch und läßt den Waagbalken umkippen. Der Durchlaß ist kaum breiter als der Schlagbalken und etwa 30 cm hoch; der etwa 5 cm hohe Korridor soll verhindern, daß die Tiere schräg einlaufen. Die dünnen Bambuslatten der etwa 1 m hohen Wand werden oben durch zwischengeführte Bambusrohre auseinandergespreizt, um ein Überklettern zu erschweren.

an einem als Waagbalken dienenden Bambus aufgehängt ist, von dessen anderem Ende eine Schnur zu einem Auslöser führt. Eine zweite Schnur hängt von diesem Auslöser herab knapp über dem Boden im Durchgang, überdeckt von einer leichten Rampe aus Bambusplättchen. Betritt ein Tier diese Rampe, drückt es die darunter hängende Schnur zu Boden und betätigt den Auslöser, der Waagbalken verliert sein Gleichgewicht und läßt den Schlagbalken aus seiner Schlinge auf das Tier herabfallen. Diese Art Zäune und Fallen aufzubauen bedarf vieler Arbeit und guten Fingerspitzengefühls in der Einstellung der Falle; in einem guten Fallensystem dieser Art kann jedoch täglich etwas gefangen werden. Fallgruben, in denen man früher auch Elefanten fing, sind heute kaum mehr üblich, denn statt Elefanten streifen heute nur noch die Rinder durch den Busch – die Wege zu den Feldern werden ihnen während der Anbauzeit durch Zäune abgesperrt.

Kleine Vögel vertreibt man von den Feldern mit Bambusklappern, man stellt ihnen aber auch mit Leimruten nach. Den Leim bereitet man aus dem Saft des indischen Ficus-Baumes, der mit etwas Saft des Gorjon-Baumes (*Dipterocarpus*) zusammen gekocht wird. Zu Fäden gezogen, wickelt man die klebrige Masse um Bambusruten, die auf fruchttragenden Bäumen schräg aufgebunden oder auch an Wasserplätzen in den Boden gesteckt werden. Auf Vogeljagd geht man auch mit über zwei Meter langen Blasrohren, die aus Bambusschäften hergestellt werden. Die Knotenstellen werden von außen her entfernt und die dazu nötigen Öffnungen anschließend mit Wachs wieder verschlossen. Als Pfeile dienen dünne, etwa 70 cm lange, gerundete und angespitzte Bambusstäbe, auf deren unterer Hälfte mit einem spiralig geführten Bambusband kleine Hühnerfedern angebunden sind, so daß geübte Jäger damit recht sicher zielen können. Pfeilgifte werden nicht benützt, und auch Pfeil und

Bogen sind als Jagdwaffen unbekannt. Wohl aber gibt es einen Bogen, mit dem kleine Steine und Kugeln aus getrocknetem Lehm geschleudert werden können; die Treffsicherheit der ‹Kugelbögen› läßt jedoch zu wünschen übrig; sie werden deshalb nur von jungen Burschen benutzt.

Ab Mitte August werden die ersten Reisähren reif, und obwohl die eigentliche Reisernte erst einen Monat später beginnt, können doch schon jetzt die ersten Früchte vom Feld geholt werden, unter anderem noch weiche Maiskolben, die in den Hüllblättern geröstet werden, aber auch die ersten Gurken. Es ist Zeit für ein Fest. Geopfert werden muß ein Huhn, und, wenn erhältlich, ein möglichst großes Schwein, diesmal aber nicht im Feld, sondern im großen Raum des Hauses, dem *kim-tom*. Am Vorabend bringt man vom Feld einige Reisähren mit, dazu ein paar Taro-Blätter, etwas Ingwer und etwas Süßrohr (kein Zuckerrohr, sondern eine Art Sorghum). Von diesen vier Feldfrüchten wird etwas in einen Standkorb getan, dazu kommt eine Sichel (als Ernteinstrument) und eine Hacke (als Jätinstrument); vor den Korb stellt man eine der üblichen Kürbisflaschen mit Wasser und ein kleines Töpfchen, das die Form des großen runden Biertopfes hat, mit Trinkröhrchen, doch, statt mit Bier, nur mit einem *hom-noi* genannten Gemisch aus Wasser und gekochtem Reis gefüllt. Dem Huhn rupft man, wie üblich, die Halsfedern aus und schneidet seinen Hals mit dem Haumesser ein. Der Hausherr beißt etwas vom Ingwer ab, saugt einen Mundvoll *hom-noi* aus dem Töpfchen und bespuckt mit beidem, unter Anrufung der Geister, sechsmal das Huhn. Vom Blut, das in einer kleinen Schale aufgefangen wird, streicht man ein paar Tropfen auf alle zeremoniell wichtigen Gegenstände im Haus, die Trommel, den Dreisatz Tellergongs, die Speere, einige Kiesel, die als spezielle Wohlstandsbringer gelten, und auch den vorgenannten Standkorb.

Tötet man auch ein Schwein, geschieht dies mit einem Speer an eben diesem Korb, und etwas vom Blut des Schweines wird gleichermaßen verteilt. Dann werden beide Tiere zerlegt, und nach Tieren getrennt wird von jedem Körperteil (Kopf, Rippen, Bauch, Beine, Innereien) etwas in einem Bananenblatt gekocht. Frischer Reis wird über dem Feuer geröstet und durch Stoßen im Mörser enthülst. Später erhält jedes Familienmitglied davon etwas zu essen, zunächst jedoch werden davon kleine Portionen zusammen mit dem speziell gekochten Fleisch in Taro-Blattstückchen zu Päckchen gepackt. Mit einem speziellen Gebet für den Reis wird eines dieser *köm-pot* genannten Päckchen (wieder unter Bespuckung mit *hom-noi*) in den Standkorb getan, dann folgen weitere für die Baumwolle und für den Taro, den Ingwer, die Sichel und die Hacke im Korb. Weitere Päckchen werden im *kim-tom* und *kimma* an alle Orte verteilt, wo etwas steht und aufbewahrt wird, auch auf Körbe und Matten. Dieses Opfer geht an alle guten Geister, die für die Ernte und für das Haus sorgen. Zwei

Päckchen enthalten nur frischen Reis und etwas Süßrohr, eines wird von der Tür auf die Erde, das andere von der offenen Plattform auf das Dach geworfen – erst danach können auch die Menschen vom frischen Reis essen und Süßrohr knabbern.

Im September beginnt die Reisernte. Zuvor bringt man große Flechtmatten ins Feldhaus, mit denen der Boden und die unteren Teile der Seitenwände und der Rückwand abgedeckt werden. Dort werden die Reisähren aufgehäuft. Zur Ernte tun sich wieder mehrere Familien im Arbeitstausch zusammen. Alle Beteiligten tragen auf dem Rücken einen der großen Erntekörbe mit weiter Öffnung. Man beginnt, wie immer, am unteren Ende des abzuerntenden Stückes. Mit der linken Hand faßt man ein Büschel Ähren zusammen, setzt mit der rechten die Sichel in etwa halber Halmhöhe an und zieht sie, das Büschel abschneidend, zu sich herauf. Die Linke wirft die abgeschnittenen Ähren in den Korb. Ist er voll, trägt man ihn zum Feldhaus, leert ihn auf die Matten und beginnt von neuem, bis das Feldstück abgeerntet ist oder sich im Feldhaus so viel angesammelt hat, daß nur noch der vordere Teil des Bodens frei ist. Dann wird quer durch den Raum, etwa in Magenhöhe, ein Bambus angebracht, an dem sich die Männer festhalten, während sie mit den Füßen ein Bündel Ähren walken, das sie zuvor mit der Sichel von dem vor ihnen liegenden Haufen herabgezogen haben. Die Füße heben das Bündel von der Seite an, rollen es zusammen, treten es in der Mitte nieder und schieben es dabei langsam rückwärts; dann wird es nochmals vorgeholt, noch einmal bearbeitet, und nach hinten den Frauen zugeschoben, die vollauf damit beschäftigt sind, es zu zerzetteln und auszuschütteln. Der Rest wird vor die Tür auf die Plattform geworfen und von dort von Zeit zu Zeit einfach über den Rand auf die Erde hinabgestoßen. Ist der Innenraum zu voll, kann man das Austreten auf der Matte auch auf der offenen Plattform vor der Tür besorgen. Reis braucht nicht, wie Weizen oder Roggen,

Die Reisähren werden mit der Sichel geschnitten.

ausgedroschen zu werden, da die Stielchen der reifen Körner, mit denen sie an der Rispe hängen, ohne weiteres brechen, wenn sie geknickt werden. Eventuell vorhandene noch grüne Körner bleiben allerdings zurück; sie sollen das auch, da sie später schimmeln würden. Dieser Verlust muß in Kauf genommen werden; denn wartet man, bis alle Körner ausgereift sind, mögen inzwischen einige Halme absterben und umbrechen, so daß die Körner ausfallen: der Verlust ist dann noch größer.

Sobald der Ährenhaufen durchgewalkt ist, wird der ganze Ausdrusch mit den Händen durchgesiebt, um noch verbliebene Halme zu entfernen. Dann schaufelt man die vorgesäuberten Körner in Körbe, legt eine Matte auf die offene Plattform, rechts und links stellt sich jemand mit einer auch zum Worfeln benutzten Flechtwanne auf, die als Fächer hin- und hergeschwungen wird, und zu dem Schwung wirft ein Dritter, mit beiden Händen schaufelnd, Reis aus dem Korb auf die

Matte. Nachdem die Körner derart auch von der verbliebenen Reisspreu gesäubert wurden, breitet man sie auf der Matte im Feldhaus zum Trocknen aus. Hin und wieder werden beim Austreten die untergelegten Matten schadhaft, die Körner können jedoch auch noch vom Boden des Feldhauses wieder eingesammelt werden. Tritt man den Reis auf der offenen Plattform aus und fallen gar zu viele Körner nach unten durch, sammelt man sie dort, so gut es geht, mit der Hand auf und nimmt beim nächsten Feldbesuch ein Huhn mit, das den Rest aufpickt.

Wer will, kann während des Austretens ein Huhn oder auch ein Schwein opfern, nötig wird das Huhnopfer jedoch erst, nachdem auf dem Feld auch der letzte Reis geschnitten, ausgetreten und getrocknet ist und nach Hause geholt werden soll. Das Huhn wird im Feldhaus vor dem Reis getötet. Zur Anrufung benutzt man wieder das *hom-noi* genannte Ersatzbier (noch besser ist es, wenn man echtes Reisbier von zuhause mitbringt); etwas von jedem Fleischteil wird mit etwas Ingwer und mitgebrachtem gekochtem Reis gemischt und, in *köm-pot*-Päckchen gewickelt, auf den Reis, die Flechtmatte und die Körbe verteilt. Ein letztes Päckchen wird für die Baumwolle, die es später zu ernten gilt, weggeworfen. Nachdem man dann allen Reis (in den Körben, die auch für den Schnitt dienen) und alle Geräte nach Haus gebracht hat, folgt dieselbe Zeremonie noch einmal; das Huhn wird neben dem Reisspeicher getötet, und wer es hat, opfert auch ein Schwein. Ein Schwein allein reicht jedoch nicht: Hühnerfleisch wird von den Mru höher geschätzt und ist, wenn man die Tiere kauft, vergleichsweise auch wesentlich teurer als Schweinefleisch, und einige Geister essen kein Schweinefleisch. Das Fleisch wird, wie beim Fest der ersten Feldfrüchte, getrennt gekocht, jedoch dann zusammen in die *köm-pot*-Päckchen gewickelt, die auf den Reis und alle wichtigen Besitztümer verteilt werden. Den Hauptteil des Fleisches verzehren, wie immer, die Menschen. Erst nach diesem Fest ist es erlaubt, mit dem neuen Reis zusammen eine beliebige Beispeise zu essen (zuvor sind kleines Rotwild und einige Krebse und Fische verboten – auch jung Vermählte sollen diese nicht essen), und erst ab jetzt darf auch aus dem neuen Reis Schnaps gebrannt werden (die Bierherstellung ist immer erlaubt). Und da Schnaps für die großen Feste nötig ist, können eigentlich auch erst ab jetzt wieder größere Feste stattfinden. Doch auch jetzt noch sorgt man für die Reisgeister: An jedem Neumond (oder etwas später) sollte ein Huhn geschlachtet werden, von dem der Reis ein *köm-pot* bekommt, damit er möglichst langsam weniger wird.

Die Sorge um den Reis ist wohlbegründet: zu oft werden die Vorräte vorzeitig knapp. Zukaufen wird dann teuer. Nach der Ernte sinken die Preise wieder, und Gläubiger drängen auf Bezahlung der Schulden, man muß also billig verkaufen, und die Aussicht, daß der Speicher vor der nächsten Ernte bereits wieder leer ist, steigt. Reis ist das

Kleine Reisportionen werden auf Taro-Blattstückchen verteilt. Zusammengefaltet werden diese *köm-pot* zur Speisung der guten Geister an alle rituell wichtigen Stellen des Hauses verteilt. Im Hintergrund Porzellanschälchen mit Reisbier.

Hauptnahrungsmittel, die Mru essen ihn morgens, mittags und abends; alles andere, wie Fleisch und Gemüse, sind Beispeisen, die man schätzt, ohne die es aber auch geht. Entsprechend groß sind die benötigten Reismengen. Wer 400 kg Padi, d. h. unenthülsten Reis, pro Familienmitglied im Speicher hat, kann beruhigt ins kommende Jahr blicken. Nicht nur hat dann jeder satt zu essen, man kann auch Gäste bewirten, Bier brauen und Schnaps brennen, sich einige Hühner halten und zudem noch etwas verkaufen, um Geld für gelegentliche Einkäufe auf dem Markt zu haben. Und sollte eine Krankheit unversehens größere Ausgaben im Zusammenhang mit einem Opfer erforderlich machen, bleibt auch das noch tragbar, und der Saatreis braucht nicht angegriffen zu werden. Notfalls, aber ohne Spielraum für erfreuliche oder unerfreuliche Ereignisse, kommt man auch mit 250 kg Padi aus, wenn es allein ums Essen geht; falls aber die Baumwollernte fehlschlägt, haben die meisten Familien kaum

etwas, das sie zu Geld machen könnten. Und nur der kleinere Teil des Reises, der aus Mru-Händen in die Hände der Bengali-Händler kommt, erlaubt den Mru, sich dafür auch etwas zu kaufen; der größere Teil dient der Begleichung von Schulden mit Wucherzinsen, entstanden aus einer Notsituation vor der letzten Ernte.

In Bangladesh rechnet man offiziell mit 200 kg pro Person und Jahr. Dabei handelt es sich um Reis, wie er geerntet wird, also um Padi. Ehe man diesen kochen kann, muß er erst bearbeitet werden, um die Spelzen völlig und das Silberhäutchen zumindest teilweise zu entfernen. 1 kg Padi ergibt nach dem Enthülsen etwa 600 g Reis (die Menge variiert etwas, je nach Sorten); 200 kg Padi jährlich ergeben also eine Tagesration von etwa 330 g Reis. Deren Nährwert beträgt etwa 1200 kcal, mit 250 kg Padi kommen die Mru auf 1470 kcal; rechnen wir maximal 250 g Gemüse (= 50 kcal) und im Schnitt 40 g Fleisch (= 80 kcal) dazu, ergibt das, da in der

126

Regel nichts weiter zur Verfügung steht, insgesamt 1600 kcal pro Person und Tag. Da es sich um Durchschnittszahlen handelt, sind die Rationen für Erwachsene etwa um ein Drittel höher anzusetzen, und gemäß Mru-Vorstellungen essen Frauen dabei mehr als Männer. Wie wir beim Feldbau gesehen haben, übernehmen die Männer die kurzfristig schwereren Arbeiten; Frauen müssen aber (meist zweimal) täglich Wasser schleppen und täglich Reis stampfen, um ihn zu enthülsen. Während der kalten Zeit kommt dazu fast täglich eine Last Feuerholz. Den Männern obliegen keine solchen schweren Alltagsarbeiten, und von daher mögen die Frauen in der Tat einen höheren Kalorienumsatz haben. Die Version der Mru-Männer ist allerdings eine andere: wenn Frauen Hunger haben, tun sie etwas mehr Reis in den Kochtopf als gewöhnlich, wenn Männer Hunger haben, gehen sie auf Besuch. Von daher mögen sie wohl zu Hause weniger essen, aber nicht insgesamt (in der Haushaltsrechnung allerdings geht dieser Posten auf das Besucher- und nicht auf das Männerkonto), und die Version beleuchtet nur einmal mehr die ungleiche Arbeitsverteilung: während die Frauen arbeiten (ihnen obliegt das tägliche Kochen; Männer kochen, es sei denn aushilfsweise, nur zu Festen), gehen die Männer spazieren.

Frauen stehen vor den Männern auf (die allerdings auch nicht länger schlafen können), um die Tagesration Reis zu stampfen, in der kalten Zeit vor dem Haus, während der Regenzeit im Haus (*kim-tom*). Alles, was die Männer dazu beitragen, ist die Herstellung der schweren hölzernen Mörser und Stößel sowie der Flechtwannen, mit denen der im ersten Durchgang enthülste und im zweiten Durchgang (mit dem anderen, runderen Ende des Stößels) enthäutete Reis geworfelt wird. Dann entfachen die Frauen die von einem dicken Holz über Nacht bewahrte Glut im Herd und stellen einen Topf mit Wasser auf. Der Herd befindet sich an einer Seitenwand des *kim-tom* und besteht aus einem mit Bambus eingefaßten Viereck aus Lehm, auf dem sich in der Mitte drei Steine erheben. Gelegentlich benutzt man auch einen eisernen Dreifuß. Der (auf dem Markt gekaufte) Metalltopf hat einen Kugelbauch und einen Hals; so steht er fest zwischen den drei Steinen und kann mit einer Bambuszange vom Feuer genommen werden. Sobald das Wasser kocht, füllt die Hausfrau die ihr wohlbekannte Portion Reis ein (etwa die halbe Menge des entsprechend dosierten Wassers), die sie zuvor gewaschen hat, und läßt sie unter Umrühren kurz aufkochen. Dann wird der Topf vom Feuer genommen, neben die Glut gestellt und von Zeit zu Zeit gedreht. Die ganze Kunst besteht in diesem Drehen, damit der Reis gleichmäßig quillt und trocknet und nicht pappig wird. Der fertiggekochte Reis wird auf ein sauberes Bananenblatt ausgekippt, das als Teller für die ganze Familie dient. Die Frauen essen im Knien, Männer im Hocken. Als Getränk gibt es Wasser, das direkt aus der Kürbisflasche getrunken wird, als Beispeise Salz, vielleicht auch eine grüne Pfefferschote. Zum Mittag gibt es den zweiten Teil des am Morgen gekochten Reises, diesmal kalt. Etwas abwechslungsreicher kann das Abendessen ausfallen, obschon auch hier Reis den Hauptbestandteil bildet. Über Tag gibt es Gelegenheit, vom Feld frisches Gemüse mitzubringen; das gilt allerdings nur für etwa ein halbes Jahr, zwischen August und Januar; einige Kürbisarten kann man über längere Zeit auch zu Hause aufbewahren; sonst muß man sich mit Blättern wildwachsender Pflanzen behelfen. Am Anfang der Regenzeit gibt es junge Bambussprossen; auch Bananenstämme sind eßbar, nachdem man das Äußere abgeschält und das Mark mit einem Hölzchen gequirlt hat, um die haarartigen Fäden zu entfernen. Schmackhaft wird diese Speise erst, wenn man sie mit Öl zubereiten kann. Die meisten Gemüse und Blätter werden nur mit Wasser und Salz gekocht. Aufwendigere Zubereitungsarten sind bekannt, jedoch, sobald Öl

und Gewürze, die man kaufen muß, nötig werden, für das Alltagsessen meist finanziell nicht tragbar.

Noch stärker saisonbedingt als die Verfügbarkeit von Gemüse ist die von Früchten: am häufigsten sind Bananen, für die jedes Dorf einen kleinen Hain hat; Papaya gibt es vorwiegend in den Taldörfern, Mango und Lichi sind selten, doch steht in manchem Dorf ein großer Jackfruit-Baum. Auch Pomelos und Limonen gehören zum alten Kulturgut, doch finden sich in den Dörfern kaum mehr als ein bis zwei Bäume. Sie sind, im Gegensatz zum Boden, Privatbesitz dessen, der sie gepflanzt oder geerbt hat. Viel ernten kann er hier jedoch selten, da die Früchte meist vorzeitig von Kindern geplündert werden. Sollte der Eigentümer protestieren, trifft er auf wenig Verständnis, denn Früchte gelten sowieso eher als Kinder- denn als Erwachsenenspeise. Allerdings dienen Pomelos immer mehr auch einem neuen Verwendungszweck, wie insbesondere auch die erst seit kurzem verbreite-

Zum Kochen einiger Speisen werden statt Töpfen meistens Bambusabschnitte verwendet, so für Klebreis, Garnelen und – rituell vorgeschrieben – Fleischstückchen für die Geister.

ten Mandarinen, von denen ganze Plantagen angelegt werden: man verkauft sie an bengalische Händler, über die sie in die städtischen Agglomerationen der Ebene gelangen und dort von wohlhabenden Bengalen stückweise zum Vielfachen des Preises gekauft werden, der dafür in den Bergen gezahlt wurde. Des Zwischengewinns wegen würden die Mru ihre Früchte schon gern selbst in die Ebene tragen und verkaufen, nur befürchten sie (und nicht zu unrecht), daß sie dann alsbald mit ihrer Ware oder ihrem Geld umringt und völlig ausgeraubt würden. Fruchtbäume sind, wie gesagt, bereits traditionell Eigentum dessen, der sie pflanzt; wer sich jedoch eine Plantage Mandarinenbäumchen anlegt, zieht sich den Unwillen der anderen Dorfbewohner zu, die das Geld für eine solche Anlage nicht haben, dafür aber das traditionell allen zur Verfügung stehende Feldareal jetzt dauerhaft reduziert und den Ertrag zugunsten eines einzelnen abgezweigt sehen.

Bei den Limonen handelt es sich um eine wildwachsende Art kleiner Zitronen. Da auch sie nur für eine kurze Zeit verfügbar sind, bilden sie auch keinen festen Bestandteil der einheimischen Küche. Tee, der auf dem Markt gekauft werden muß und der in der Ebene mit viel Milch und Zucker serviert wird, wird meist nur mit Salz gewürzt, Zucker wäre zu teuer; und nur wenige verstehen es, Limonen zur Bereitung einer Art Chutney aus Gewürzgurken zu verwenden. Die Rolle solch herzhaft schmeckender Beigaben übernimmt, neben grünen Pfefferschoten, die es auch nur zeitweise gibt, noch am ehesten eine *ngapi* genannte Fischpaste, die ebenfalls gekauft werden muß, aber relativ billig ist. Obschon auch die Bengalen von *ngapi* sprechen, ist es der Herkunft nach ein burmanisches Wort und heißt wörtlich übersetzt ‹Faulfisch›. Die im Meer gefangenen Fische werden auf Tang und Schlick in die Sonne gelegt und, während sie sich zersetzen, von Zeit zu Zeit geschlagen, bis sie sich mit der Unterlage zu einer einzigen festen Masse verbunden haben. Diese Masse wird dann zu großen, je

nach Qualität heller oder dunkler grau aussehenden Kugeln geformt, so ins Inland transportiert und auf den Märkten portionsweise verkauft. Diese Würze schmeckt (und stinkt) sehr scharf nach Fisch; entsprechend wenig braucht man, um sich ein Fischgericht in den Mund zu zaubern; aber die Sache ist auch nicht nach dem Geschmack eines jeden Mru. Größerer Beliebtheit erfreut sich Trockenfisch, obschon er auch im gekochten Zustand aus nicht viel mehr als Haut und Gräten besteht und zudem gekauft werden muß.

Billiger ist es, selbst fischen zu gehen. Am häufigsten werden zum Fischfang Reusen verwandt, oft in Verbindung mit Eindeichung und Absperrung des Wasserlaufes. Der früher übliche Fischfang mittels Pflanzengift ist heutzutage verboten; Männer versuchen sich jetzt mit gekauften Angeln oder Wurfnetzen; Frauen bleibt eine alte Methode: sie waten (oft gruppenweise) durch seichte Bäche, heben die Steine hoch und fangen die Fischchen und Garnelen, die da fortschwimmen wollen, mit Körben auf. Da die meisten Mru nicht in der Nähe großer Wasserläufe wohnen, ist die letztgenannte Methode vielleicht sogar die am häufigsten benutzte. Der Ertrag ist allerdings mengenmäßig gering, und obwohl die Mru gerne Fisch essen, stellt er keinen bedeutenden Anteil der Nahrung.

Fleisch wird, wie erwähnt, fast nur zu Festtagen gegessen, es sei denn, man müsse eine Notschlachtung vornehmen oder die Jagd bzw. Fallenstellerei habe eine Beute gebracht. Angesichts der Knappheit sind die Mru nicht wählerisch; auch Kleingetier bis hin zu wohlschmeckenden Käfern und Maden wird nicht verachtet. Fleisch wird immer geröstet oder gekocht. Rinder und Rotwild werden gehäutet (desgleichen Ziegen, die aber von den Mru selbst, wegen des Schadens, den sie anrichten, äußerst selten gehalten werden); Schweine werden abgesengt (desgleichen Hunde, falls sie, was allerdings selten geschieht, als Opfertiere nötig sind); Hühner gerupft und gesengt; dann zerlegt und ausgenommen, der Darm wird gesäubert und zerschnitten, und auch alles andere (außer Schädelknochen, Hufen und ähnlichem Uneßbaren) wird in kleine Würfel zerhackt und zerschnitten (auch mit größeren Fischen verfährt man so, ohne Rücksicht auf die Gräten – ein Zeichen, daß größere Fische nur selten zur Verfügung stehen) und zusammen mit frisch in einem Bambusköcher zerstoßenen Gewürzen, unter denen Pfefferschoten nicht fehlen dürfen, in einem Topf gekocht.

Mit einer halbierten Kürbis-Kalebasse als Schöpflöffel wird vom ‹Curry› jedem etwas neben den Reis geschöpft; man mischt dann im gewünschten Verhältnis, aber immer mit genügend Reis, um daraus mit den ersten drei Fingern der rechten Hand (nie mit der linken) einen Happen zu formen, der dann in den Mund geschoben wird. Es gibt niemanden, der ‹die besten Teile› bekäme (auch für die Geister trennt man ja zuvor von jedem Teil etwas ab, nur Gewürze bekommen sie nicht), und was immer zerbeißbar ist, wird auch von allen, die Zähne haben, gern gegessen. Was dennoch widersteht, wird den Hunden, die meist hinter den Essenden schon warten, übriggelassen; sollten sie sich von alleine vorwagen, bekommen sie eins über die Schnauze gezogen, bis sie gelernt haben, ihren Hunger zu bezähmen.

Und Hunde haben immer Hunger, denn sie werden praktisch nie gefüttert. In jedem Haus findet sich zwar einer, oder auch mehrere, aber niemand weiß recht, wozu. Hin und wieder gilt einer als guter Jagdhund, weil er im Busch Kleingetier aufstöbert und verbellt. Im Dorf werden auch Fremde verbellt, jedoch nie gebissen, weil die Hunde gelernt haben, daß nach ihnen geschlagen oder mit harten Gegenständen geworfen wird, wenn sie Menschen zu nahe kommen. Sie mögen auch Geister abwehren und sind in dieser Eigenschaft auch für einige (aber eher seltene) Opfer nötig; aber im Haus nützlich sind sie eigentlich nur dann, wenn es dort ein Kleinkind gibt, das noch nicht gelernt hat, zur Erledigung seiner Notdurft die dafür vorgesehenen Plätze zu benutzen: die Hunde

lecken es dann auf, so daß man nur kurz mit etwas Wasser, das durch den geflochtenen Fußboden nach unten abläuft, nachspülen muß, damit alles wieder sauber ist. Hunde gehen auch mit aufs Feld und übernehmen hier gleichfalls die Rolle des Kotverzehrers, zumindest solange sie so hungrig sind.

Katzen sind – obgleich sie nie gegessen werden – da schon nützlicher, denn sie fangen Mäuse, die sich für den Reis im Speicher interessieren. Katzen zu füttern, fällt niemandem ein; und da sie darüberhinaus auch nichts Gutes zu gewärtigen haben, und sich auch nicht, wie die Hunde, von Kleinkindern als geduldiges Spielzeug benutzen lassen, bleiben sie meist unsichtbar, sind also kaum als Haustiere zu betrachten.

Auch nur halb domestiziert, aber gelegentlich im Dorf erscheinend, um Salz zu lecken, sind die Gayal, eine im Bergland Assams heimische Rinderart mit schwarzem Fell, weißem Stirnfleck und weißen Strümpfen, deren wildlebende Verwandte, die Gaur, in den Hill Tracts fast ausgerottet sind. Die Gayal werden wesentlich größer als die in ganz Indien zu findenden Rinderarten mit und ohne Höcker; sie werden nie vor den Pflug gespannt und nicht gemolken, sondern dienen nur als Opfertiere. Da die Berge ihre Heimat sind, lassen sie sich, anders als die gewöhnlichen Hausrinder, von dichtem Dschungel und steilen Hängen nicht abschrecken, wenn es darum geht, zu den Feldern zu gelangen, auf denen die Ernte reift. Um Hausrinder von den Feldern fernzuhalten, genügen relativ einfache Absperrungen an leicht begehbaren Stellen; werden Gayal gehalten, muß man sich wesentlich mehr Mühe geben. Die Gayalhaltung wird also umso kostspieliger, je mehr überall zerstreut Felder angelegt werden. Und auch wenn die Dorfbewohner nicht kurzerhand die Gayalhaltung verbieten, wird es sich auch ein reicher Mann mehrfach überlegen, ob er das Risiko eingehen soll, für alle Feldschäden haftbar gemacht zu werden. Daß Gayal überhaupt noch gehalten werden, liegt daran, daß

> Mit Tagetes geschmück-
ter Weihnachts-Gayal der
Bawm.

>> Ein einjähriger Gayal
erhält von seinem Besit-
zer eine Handvoll Salz;
nur dazu kommt er ins
Dorf.

mit ihrer Seltenheit und den Kosten ihrer Haltung auch ihr Preis steigt; doch wenn jemand mal ein ganz großes Fest geben und sich einen Namen machen will, muß er es sich halt leisten können, dafür auch eines dieser Luxustiere zu kaufen. Die wenigsten können sich das auch nur einmal im Leben leisten. Die mehrere Dutzend Haushalte umfassenden Dörfer der christlichen Bawm haben eine andere Möglichkeit gefunden, diesem traditionellen Opfertier ihre Reverenz zu erweisen: in einem guten Jahr legen alle zusammen, um einen Gayal zu kaufen, den das ganze Dorf zu Weihnachten verzehrt.

Auch die Hausrinder werden von den Mru nicht für die Feldarbeit oder der Milch wegen gehalten, sondern dienen ausschließlich als Opfertiere. Ihre Haltung ist unproblematischer als die der Gayal, und da die Rinder im Dschungel viel besser etwas zu fressen finden als in der Ebene, wo sie sich mit den spärlichen Halmen an Wegrändern und auf den Deichen der Felder begnügen müssen – was

während der Anbauzeit nicht möglich ist, ohne daß man sie beaufsichtigt – bringen auch die Bengalen ihre Rinder gern in die Mru-Dörfer, um sie versorgen zu lassen. Aber auch da werden sie nicht fett. Wohl schränkt man während der Anbauzeit ihren Auslauf etwas ein, doch verbleibt ihnen immer noch mehr als genug Grün, um sich sattzufressen. Nur werden sie gleichzeitig so von Blutegeln geschröpft, daß sie abends oft blutüberlaufen heimkehren. Auch anderes Ungeziefer verschont die Tiere nicht, vor allem Würmer, die sich in die Körperhöhlungen einfressen und Larven, die sich an den Weichteilen fingertiefe Behausungen graben. Mehr als versuchen, diesen Befall mechanisch zu entfernen, können die Mru nicht.

Wer die Aufgabe übernimmt, Rinder aus einem anderen Dorf zu beaufsichtigen, muß für ihren Verlust oder den durch sie angerichteten Schaden aufkommen. Dementsprechend übernimmt er diese Aufgabe nur gegen Entgelt: pro Monat etwa $^1/_{100}$ ihres Wertes. Bei Kühen hat er Anrecht auf die Hälfte der während der Beaufsichtigungszeit geborenen Kälber (oder eine entsprechende Abfindung). Von einer Kuh mit Kalb erhält er vielleicht auch etwas Milch – zu anderen Zeiten ist es jedoch zwecklos, die Tiere melken zu wollen, sie geben keine Milch, was angesichts ihres ausgemergelten Zustandes verständlich erscheint. Entscheidender ist jedoch, daß die Mru an Milch nicht sonderlich interessiert sind und sie ihnen auch, mangels Gewöhnung, trotz Abkochens, Darmbeschwerden verursacht. Rinderdung ist unabdingbar für die Herstellung des Lehms für die Herdstelle, gelegentlich wird, was sich im Dorf anfindet, auch für die Düngung des Hausgärtchens benutzt; aber die Mühe, Dung aufs Feld zu tragen, macht sich niemand. Ställe gibt es nicht, abends, wenn die Rinder von allein ins Dorf zurückkehren, lassen sie sich zusammen nieder, wo immer es ihnen behagt. Doch jeder weiß, welches Rind ihm gehört, und wenn einem Mru irgendein Haustier besonders nahesteht, ist es das Rind, das als einziges unter allen Tieren einen sonst nur den Menschen vorbehaltenen Namen erhalten kann.

Auch Schweine und Hunde können Namen erhalten, aber nie die auch für Menschen benutzten. Nicht jeder Haushalt besitzt ein Rind, aber wohl ein Schwein und ein paar Hühner, es sei denn, das letzte Stück habe gerade geopfert werden müssen. Rinder kann man opfern, Schweine und Hühner muß man opfern. Die jährlichen Feldzeremonien lassen sich ohne Schweine ebensowenig durchführen, wie die wichtigsten Riten des Lebenslaufs; auch ernsthafte Krankheiten gehen kaum ohne Schweineopfer ab. Da der fortgesetzte Bedarf den Bestand an Schweinen immer wieder reduziert, sind die wenigsten Haushalte bereit, Schweine zu verkaufen; man sollte also für alle Fälle immer eins im Stall haben, und am besten eine Sau, die für Nachwuchs sorgt. Die Tiere, die der Rasse der südasiatischen schwarzen Hängebauchschweine angehören, aber nicht nur schwarz sind, sondern gelegentlich und besonders am Bauch auch weiße Borsten haben, können ein Gewicht von zwei und mehr Zentnern erreichen, werden jedoch meist schon viel früher geschlachtet, ohne Zeit, das ansonsten sehr geschätzte Fett anzusetzen. Männliche Ferkel werden im Alter von ein bis zwei Monaten kastriert. Niemand läßt absichtlich ein Tier unkastriert, da die kleinen Eber nicht fett werden, ihr Fleisch einen schlechten Geschmack hat und sie überdies für Opfer nicht verwendet werden dürfen. Doch kommt es gelegentlich vor, daß mal ein Tier der Prozedur entgeht; ist es dann mit vier bis fünf Monaten zu alt für die Kastration, wird es alsbald geschlachtet. Nachwuchssorgen entstehen durch die allgemeine Kastration nicht, da die Eber schon bald nach der Geburt geschlechtsreif sind und sich an der liegenden Muttersau nicht nur mit Säugen, sondern auch mit Decken beschäftigen.

Tagsüber laufen die Schweine frei umher;

Schweine werden täglich mit aufgekochter Kleie und Essensresten gefüttert. Tagsüber laufen sie frei im Dorf umher und vertilgen Unrat und Kot. Sie sind wichtige Opfertiere.

Beim Ernten der Baumwolle. Der Ertrag ist oft gering und reicht kaum für den Eigenbedarf. Aus dem Erlös einer guten Ernte kann man ein Rinderfest finanzieren.

nur alte Tiere werden ganzzeitig eingesperrt und gemästet, aber dies oft auch nur, weil sie den Kindern am Latrinenplatz zu gefährlich werden könnten. Alle Schweine werden gefüttert. Auf der Plattform (tsar) eines jeden Hauses steht ein Kübel, in dem nicht nur Essensabfälle gesammelt, sondern insbesondere die Reisspreu und die Kleie, die allmorgendlich beim Reisstampfen anfallen, vorgeweicht und am Nachmittag aufgekocht werden. Dann ruft die Hausfrau lautstark die Schweine, die alsbald angerannt kommen, schüttet ihnen das Fressen in den Trog und paßt, bewaffnet mit einem Stock, auf, daß sich nicht auch fremde Tiere einfinden und daß die größeren Tiere die kleineren nicht verdrängen.

Die Bengalen, die als Muslim keine Schweine halten, benutzen die Reisspreu und Kleie als Nahrung für die Rinder und die Hühner; für die Mru hingegen bedeuten die Hühner eine zusätzliche Belastung ihres Reisvorrates (man rechnet 10 kg pro Huhn und Jahr), und da ihre Haltung zudem riskant ist (nicht nur holt der Hühnerhabicht gelegentlich eins, auch die Hühnerpest kann den ganzen Bestand hinwegraffen), kommt es billiger, sie gegen Reis bei den Bengalen einzutauschen.

Während der Regenzeit, wenn die Pfade zuwachsen, liegt der Handel jedoch still, und da die Rituale des Anbauzyklus, wie wir sahen, mehrere Hühner erfordern, muß man sich doch ein paar selber halten. Eier werden nicht gegessen, die Hühner legen wenig genug, als daß man nicht lieber Küken hätte. Nachts werden Schweine und Hühner in den Verschlag unter dem Vorderteil des *kimma* gesperrt. Wohl dringt der Geruch der Schweine von dort herauf, aber die Bambusbauweise sorgt für eine gute Ventilation und die Schlafplätze liegen über dem Teil, in dem die Hühner untergebracht sind. Zumindest kann man so jede Unruhe im Koben bemerken, und das ist nötig, weil man im Falle des nächtlichen Besuches einer der kleinen Raubkatzen, die es in den Hill Tracts gibt, fähig sein muß, sofort Lärm zu schlagen, ehe die Raubkatze durch eventuell undichte Stellen der Bambusstäbe in den Koben einbrechen kann. Kaum schlägt jemand in einem Haus Alarm, lärmt es alsbald auch in allen anderen Häusern, das ganze Dorf ist aufgeregt – aber erst am nächsten Morgen läßt sich an eventuellen Spuren feststellen, ob es sich nicht doch nur um einen Fehlalarm gehandelt hat.

Tauben werden selten gehalten; Enten finden sich nur in Dörfern, die Wasserläufe in der Nähe haben; nachts finden auch sie ihren Unterschlupf im Hühnerstall. Gefüttert werden sie mit bloß geweichter, nicht gekochter Kleie. Gänse halten dürfen sich nur Karbari und Headmen, die Tiere gelten als zu gefährlich, als daß man sie jedermann zugestehen könnte. Ein sehr liebes Haustier wäre das Mema. Von ihm kann man im lebenden Zustand Fleischstücke abschneiden, die alsbald wieder nachwachsen, ohne daß dem Tier ein Schaden zugefügt wird. Leider ist es ausgestorben.

Kehren wir noch einmal auf das Feld zurück; denn hier gibt es nach der Reisernte noch einiges zu tun. Im Oktober wird der mit Baumwolle bestellte Teil des Feldes nochmals gejätet, im November folgt in drei Durchgängen die Baumwollernte. Die weißen Faserbüschel werden mit der Hand gepflückt; zum Sammeln und zum Heimtragen werden die gleichen Körbe benutzt wie für den Reis. Im Gegensatz zur Reisernte sind keine speziellen Zeremonien nötig; der Baumwolle wird also nicht die gleiche Bedeutung zugemessen wie dem Reis. Dennoch handelt es sich um eine alte Kulturpflanze, auf die die Mru auch heute noch Wert legen, da ein guter Teil der Kleidung sowie die Decken von ihnen selbst gefertigt werden und in der bei den Mru üblichen Form auf dem Markt nicht erhältlich sind. Deshalb bauen auch die höher gelegenen Mru-Dörfer Baumwolle an, obwohl die Ernte dort meist gering ausfällt, weil der Baumwolle jene Wärmegrade fehlen, um die es während ihrer Entwicklungszeit in den Bergen kälter ist. Unter ungünstigen Bedingungen erbringt ein Morgen gerade einen Ertrag von 1 kg Baumwolle, unter günstigen vielleicht aber auch 200 kg. Die besten Büschel werden aussortiert, getrennt bearbeitet und die Körner als Saatgut aufbewahrt. Trotz dieser Auslese bleiben Qualität und Quantität der Fasern, die einst zur Herstellung der berühmten Dacca-Musselin-Stoffe dienten, hinter den modernen Sorten zurück; statt den Baumwollanbau mit neuen Sorten staatlich zu fördern und damit zugleich den Bewohnern der Hill Tracts zu besseren Einnahmen zu verhelfen, importiert Bangladesh Baumwolle aus Pakistan.

Zum Entkernen der Baumwolle dient die einzige Maschine, die die Mru besitzen. Sie wird in der gleichen Form in den ganzen Hill Tracts benutzt und normalerweise von bengalischen Schreinern hergestellt. Sie besteht aus einem Holzgestell mit zwei sich gegenläufig drehenden Walzen, deren untere mit einer Handkurbel bewegt wird. Die Walzen lassen nur die Fasern durch; die Körner bleiben zurück und werden in einem untergestellten Korb aufgefangen. Diese den Frauen überlassene Arbeit ist ziemlich zeitaufwendig, lohnt sich jedoch insofern, als es gegenüber dem Verkauf unentkernter Baumwolle mehr als den doppelten Erlös bringt, wenn

man entkernte Baumwolle und Körner getrennt verkauft. Die Fasern werden dazu in große walzenförmige Körbe mit einem Norminhalt von 40 kg verpackt und zur nächsten lokalen Aufkaufstelle getragen, wo sie von Bengali-Händlern übernommen werden. Die für den Eigenbedarf zurückbehaltenen Fasern werden an einem sonnigen Tag auf dem *tsar* auf einer Matte ausgebreitet und mit einem Baumwollbogen, der mit einem Holz angerissen wird, gekardet. Die so aufgelockerten Fasern werden zu Würstchen geformt und aufbewahrt, bis die Frauen Zeit zum Spinnen haben. Dafür bevorzugt werden die Abende, die auch Gelegenheit zum gegenseitigen Besuch liefern. Sind mehrere junge Mädchen in einem Haus versammelt, stellen sich auch bald die jungen Männer ein, um mit ihnen beim Schein des Herdfeuers zu plaudern und ein bißchen Musik zu machen. Während die Frauen der Chakma, Marma, Tipera und Bawm sich des (von den Bengalen übernommenen) Spinnrades bedienen, benutzen die Mru nur die Handspindel, die aus einem etwa 25 cm langen Stab mit einer kleinen Kreisscheibe kurz unter ihrem unteren Ende besteht.

Soll das Garn gefärbt werden, wird es zunächst auf eine einfache Weife umgewickelt, von der es in Strähnen abgenommen werden kann. Damit sich die Strähnen nicht verwirren können, empfiehlt es sich, einen kleinen Faden darumzubinden. Die Farben werden heute meist vom Markt gekauft; desgleichen feine bereits gefärbte Garne, die für Eintragungen benutzt werden. Doch sind die Kenntnisse noch vorhanden, um mit eigenen Mitteln rot und blauschwarz (indigo) zu färben. Zum Rotfärben wird die Wurzel eines bestimmten Baumes ausgegraben, gesäubert, in kleine Stücke zerhackt und mit etwas Wasser im Reismörser gestampft. Die entstehende Lösung wird durch ein Tuch gefiltert und mit dem Garn zusammen gekocht. Indigo wird auf dem Feld angebaut; die Samen werden mit dem Reis zusammen eingestochen. Von den Pflanzen streift man die

> Eine Frau wickelt eine Garnsträhne, die sie um die Hälse zweier (gefüllter) Wasserflaschen gelegt hat, auf ein Knäuel. Als Sitzgelegenheit dient ihr ein umgestülpter Reismörser. Auf der Umrandung des *tsar*, rechts, steht eine Geflechtswanne mit Rohbaumwolle.

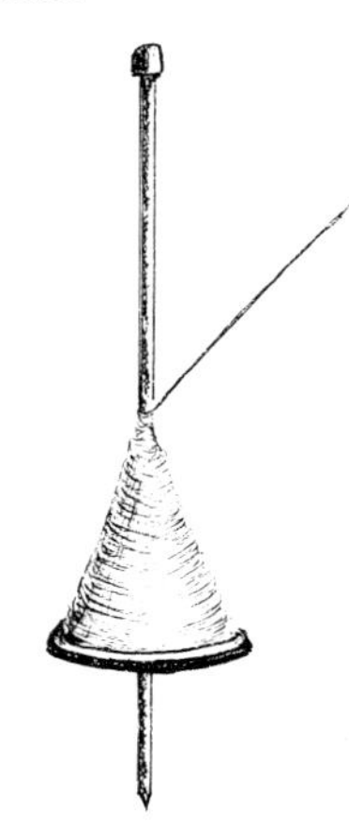

Handspindel mit Stab (ca. 25 cm), hölzernem Wirtel und gesponnenem Garn.

Eine Frau walkt indigogefärbte Baumwollsträhnen. Rechts die Indigoblätter, daneben der (auf dem Markt gekaufte) kugelbauchige Tontopf, in dem sie geweicht und gekocht werden; darüber auf der Umwandung des *tsar* das «Endprodukt»: ein neuer Rock. An der Wand hinter der Frau ein aus Bambus mit Blättereinlage geflochtener Regenschutz, über Kopf und Rücken zu hängen.

kleinen Blätter mit der Hand ab und weicht sie eine Nacht in einem irdenen Topf. Dem Wasser wird als Beize alkali-haltige Bambusasche beigegeben, die eigens zu diesem Zweck bereits im Februar hergestellt und bis jetzt aufgehoben wurde. Am nächsten Tag wird das Garn in die Lösung gedrückt und mit den Blättern und der Asche zusammen aufgekocht. Anschließend werden die Strähnen zum Trocknen zwischen den Hälsen zweier Flaschenkürbisse aufgehängt; bis sie aber ganz schwarz gefärbt sind, muß die Prozedur noch zwei- bis dreimal wiederholt werden. Die Tücher, deren Garn mit Naturindigo gefärbt wurde, bleichen nach mehrmaligem Waschen wieder aus und werden bläulich; doch geben die Mru-Frauen ihrem Indigo den Vorzug vor der auf dem Markt zu kaufenden Anilinfarbe.

Wie das Spinnen und Färben ist auch das Weben reine Frauensache. Den Webstuhl jedoch stellen die Männer her; den ersten und schönsten (seine Stäbe sind mit Schmuckritzungen versehen) erhält die Frau noch als junges Mädchen vor der Ehe von ihrem zukünftigen Mann, er bildet eine Art Hochzeitsgabe. Dieser Webstuhl ist keine große Maschine, sondern besteht nur aus (mindestens) sechs einzelnen Bambusstäben und einem hölzernen Schwert. Zwei dieser Stäbe bilden den Kettbaum, mit dem das Webgut an einer Wand so fest gemacht werden kann, daß es nicht rutscht; auf der anderen Seite führt vom Brustbaum ein Gurt hinter den Rücken der Weberin, so daß sie die Spannung der Kette durch die Bewegungen ihres Körpers regulieren kann.

Der dickste Stab ist der Fachstab. Die Fäden der Kette laufen abwechselnd über und unter ihm. Damit er nicht in Richtung Kettbaum wegrutscht, liegt gleich dahinter auch noch der dünne Rispenstab, mit gewechselter Fadenführung. Damit im Raum zwischen Weberin und Fachstab ein Wechsel zwischen Haupt- und Gegenfach möglich ist, ist jeder Kettfaden, der unter dem Fachstab durchführt, in eine fortlaufende Litze gelegt, und durch das Litzenbündel läuft ein Litzenstab. Zieht die Weberin ihn nach oben, heben sich die unter dem Fachstab liegenden Kettfäden über die oberen Kettfäden: das Gegenfach ist gebildet. Durch Senkrechtstellen des Schwertes wird es offengehalten; die Weberin kann das Schiffchen einschießen. Dann löst sie das Schwert und schlägt mit ihm den Schußfaden fest an das bisherige Webgut. Dann zieht sie den Fachstab nah an den Litzenstab, wodurch die nach oben geholten Unterfäden wieder in ihre frühere Lage gedrückt werden: das Hauptfach ist wieder gebildet und der Schußfaden kann zurückgeführt und festgeschlagen werden. Dieses Hin und Her ist allerdings nur dann so einfach, wenn eine glatte einfarbige Bahn gewebt wird; sobald Muster hergestellt werden sollen, werden weitere Trennungen der Kettfäden und damit mehr Stäbe nötig.

Da die Stäbe meist nur etwa einen halben Meter lang sind, ist damit auch die Breite des Webgutes begrenzt; um breitere Stücke, wie die Schlafdecken, herzustellen, werden jeweils drei Bahnen gleicher Länge gewebt und hernach zusammengenäht. Für die schmaleren Decken, in denen die Kinder getragen werden, genügt eine Bahn; desgleichen für die Arbeitsjacken, deren Hauptteil als ein Stück vom Rückenende her gewebt wird und sich dann etwa 5 cm unter dem Nakken in zwei Teile gabelt, die unterhalb des Armloches an den Seiten zusammengenäht werden. Die dreiviertellangen Ärmel werden als eigene Bahn gewebt und dann eingesetzt. Wesentlich mehr handwerkliche Fähigkeit brauchen die Frauen für die Herstellung ihrer Röcke, die aus einer etwas mehr als 25 cm breiten und 150 cm langen Bahn bestehen. Die Bahnenden werden zusammengenäht, so daß der Stoff doppelt zu liegen kommt. Die Doppelbahn wird mit der Öffnung nach links mittels einer Kette auf den Hüften befestigt. Die äußere dieser Bahnen schmückt auf der Rückseite ein 20–30 cm breites Muster, das aber nur an Festtagen nach außen getragen wird. Alltags tragen die Frauen den Rock sozusagen links; die gemusterte Stelle liegt immer nach hinten, jedoch auf der Innenseite der äußeren Bahn, so daß man nur die eingeschossenen bunten Webefäden sieht, aber nicht das applizierte Muster. Die Gestaltung des Musters ist jeder Weberin anheimgestellt. Häufig sieht man jedoch Rauten und Mäander, die in gleicher Form auch von den Männern in kunstvolle Körbchen oder auch in Matten eingeflochten werden. Zur Applikation der Fäden benutzt die Weberin keine Nähnadel, sondern eine Nadel ohne Loch, die für gewöhnlich als Haarnadel dient. Die bunten Fäden für die Eintragung werden heutzutage auf dem Markt gekauft; ihr Rot ist leuchtender als das Braunrot der alten Stücke, deren Fäden noch mit eigenen Farbstoffen eingefärbt wurden. Der Rand

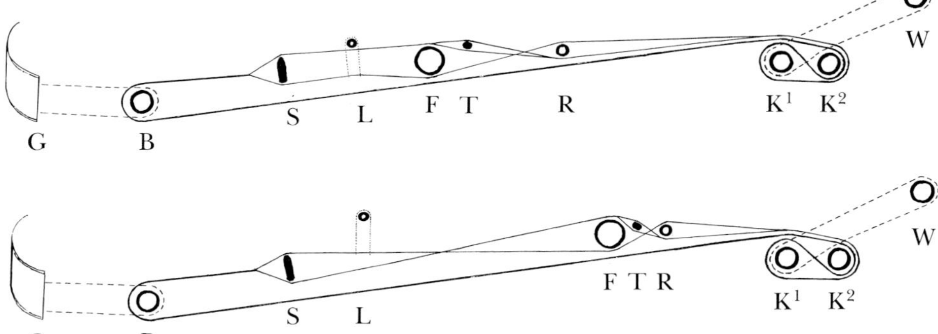

der Röcke ist mit winzigen, je nach Gegend weißen oder roten Ringlein besetzt; früher benutzte man dazu die halbierten Schalen kleiner perlenartiger Früchte.

Millimetergroße, vorwiegend rote, aber auch grüne, weiße, gelbe und schwarze Perlen werden gekauft, um damit Schmuckketten und -gürtel herzustellen. Zum Auffädeln wird keine Nadel benutzt, sondern wiederum nur die Haarnadel, um den Faden notfalls durch das Loch der Perlen zu drücken, sollten sie dem Auffädeln mit der Hand widerstehen. Damit die Fäden sich bei dieser Arbeit nicht auffasern – und zur besseren Haltbarkeit der Ketten überhaupt –, werden sie mit Bienenwachs eingerieben; auch alle Fäden, mit denen Decken und Jacken vernäht werden, sollten so behandelt werden. Bienenwachs ist

Hauptfach und Gegenfach:
G Rückengurt,
B Brustbaum,
S Schwert,
L Litzenstab,
F Fachstab,
T Trennstab,
R Rispenstab,
K^1, K^2 Kettbäume,
W Wandbefestigung.

>
Muster der Eintragungen mit roten, gelben und blauen Fäden auf der Rückseite der Frauenröcke.

136

Der Litzenstab (L) liegt quer über den Kettfäden, die vom Fachstab (F) in obere und untere Kettfäden getrennt werden. Die Litze läuft zwischen den oberen Fäden hindurch und greift jeweils den unteren Faden.

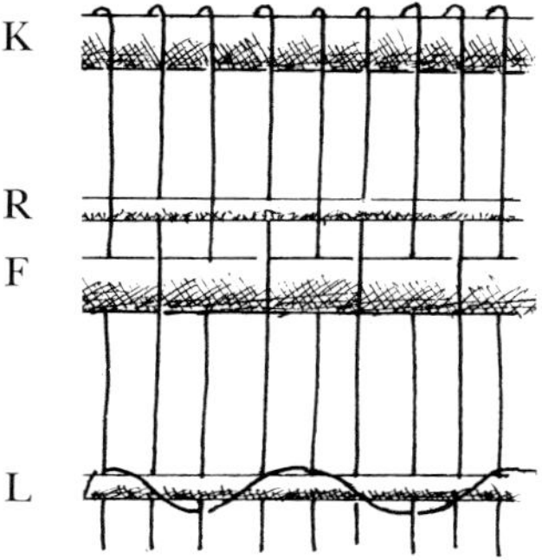

Führung der Litze über den Litzenstab

aber auch zum Weben erforderlich: alle Stäbe des Webstuhls werden damit gewachst, damit sie besser gleiten; das Schwert wird während der Arbeit ständig nachgewachst. Die Bereitstellung des Bienenwachses ist Sache der Männer. Sie räuchern die Nester wilder Bienen aus, schneiden die Waben ab, drücken den Honig aus (er gilt als Medizin für Kinder, soll aber zusammen mit Eidechsengalle auch gegen Bauchschmerzen gut sein), kochen den Rest auf, schütten das flüssige Wachs auf Wasser, wobei Unreinheiten ausgeschieden werden, erwärmen es erneut und füllen es in Bambusröhren, so daß es als runder Stab erkaltet. Dieses Bienenwachs wird ausschließlich für die Web- und Fädelarbeiten benutzt; für das Verkleben von Öffnungen (wie z. B. im Blasrohr oder in den Mundorgeln) verwendet man dagegen das Wachs der Erdwespen, das die Konsistenz von Plastilin hat.

Außer den ganz kleinen Perlen bietet der Markt den Mru-Frauen auch größere weiße und goldgrün schillernde, die leichter zu fädeln sind, jedoch den Nachteil haben, daß sie aus sehr dünnem Glas bestehen, das leicht bricht. Ebenfalls gekauft werden alte Münzen (früher waren sie aus Silber), an die eine Öse angelötet ist; diese Münzen werden mit zwischengesetzten roten Perlen (oder harten roten Früchten) zu Ketten verarbeitet, die in langer, nur zu Festen getragener Form über die rechte Schulter und die linke Hüfte gehängt werden. In kleinerer Form werden sie, zusammen mit anderen Perlenketten, um den Haarknoten gelegt oder auch um die Hüfte geschlungen. Ebenfalls vom Markt stammen schmale Silberreifen oder (häufiger) Aluminiumspangen, die um das Handgelenk getragen werden, und breite, mit einem Scharnier versehene Silberreifen, die am Oberarm befestigt werden. Die Mädchen legen sie an, sobald sie in die Pubertät kommen; da die Reifen nicht mitwachsen, schnüren sie den Unterarm unter dem Muskel ziemlich ein; aber erst ältere, nicht mehr so sehr auf Schönheit bedachte Frauen tragen sie nicht mehr. Diese Spangen werden von bengalischen Silberschmieden für die Mru-Kundschaft eigens angefertigt; desgleichen auch die sanduhrförmigen silbernen Ohrpflöcke, die von den Trägerinnen noch mit Blumen und wohlriechenden Kräutern verschönert werden können.

Im Gegensatz zu den Frauen tragen Mru-Männer wenig Schmuck. Die jungen Männer besitzen zwar ebenfalls Armreifen sowie flache, scheibenförmige Ohrringe, die zusätzlich mit Perlenanhängern geschmückt werden können, doch tragen sie sie fast nur zu Festen. Zur Alltagstracht hingegen gehört der aus Holz gesägte und rot eingefärbte Kamm, dessen oberes Halbrund mit einem Aluminium-Bügel verziert wird. Diese selbstgefertigten Kämme werden allerdings immer seltener, da bunte, auf dem Markt zu kaufende Plastikkämme ihnen billige Konkurrenz machen. Auch kommt der Haarknoten, in den sie eingesteckt werden, bei den älteren Männern aus der Mode; sie schneiden sich die Haare kurz. Junge Männer hingegen geben sich viel Mühe mit der Pflege des links oben getragenen Haarknotens, den sie mit früher zu diesem Zweck abgeschnittenen Strähnen des eigenen Haares verstärken. Frauen schneiden ihr Haar nie kurz, sondern

1 Ohrringe: einseitig offene Silberscheibe mit Gehänge von bunten Perlkettchen und Quasten aus roten Wollfäden. Zu Festen von jungen Männern in den durchbohrten Ohrläppchen getragen. Durchmesser ca. 3,5 cm.

2 Seltener Fingerring aus versilbertem Messing mit aufgelöteter, ebenfalls versilberter indischer Viertelrupien-Münze oder einfacher Scheibe. Zu Festen von jungen Männern und Frauen getragen.

3 Haarnadel: Eisenpfeil, an den eine indische Halbrupien-Münze gelötet ist. Wird von jungen Männern in den Haarknoten gesteckt. Länge 11 cm.

4 Armspange aus Aluminium, Facettenmuster in Rautenform. Wird von Mädchen und Frauen (und gelegentlich auch jungen Männern) am Unterarm getragen. Durchmesser 5,5 cm.

5 Armspange aus Messing, innen hohl, mit Ritzmuster. Wird von Mädchen und Frauen am Unterarm getragen.

6 Armreif aus versilbertem Messing, 6seitig. Eine versilberte arabische Münze ist auf der sich verjüngenden Stelle flach aufgelötet. Wird zu Festen von Frauen und Männern getragen. Durchmesser außen 8,8 cm.

7 Fußreifen für Mädchen. Sechsseitig, innen hohl und einseitig offen, aus Silberblech, an beiden Enden mit zwei Spitzen in Form von Lotusknospen.

8 Oberarmspange für Mädchen und Frauen aus geschmiedetem Silberblech mit fünf in Längsrichtung umlaufenden Graten. Unter der gravierten Schmuckplatte befindet sich der Verschluß aus drei Ösen und einem Silberstäbchen. Durchmesser innen 5,6 cm, Breite 4 cm.

9 Silbergürtel: fünf Kettenstränge geflochtenen Silberdrahtes, an den Enden mit zwei Silbergliedern in Form einer Acht an quaderförmigen Schäften befestigt. Sie werden von einer spitzovalen Verschluß-Schmuckplatte miteinander verbunden. Von jungen Leuten beiderlei Geschlechts um die Taille getragen.

10 Zierkamm, aus einem Holzblock gesägt und geschnitten, Bogen mit Zinnblech verkleidet. Von den jungen Männern gefertigt und getragen. Länge 20–40 cm.

11 Fußrassel für Kleinkinder. An einer dicken gezwirnten, in Abständen geknoteten Baumwollschnur hängen acht kugelförmige Messingglöckchen.

12 Ohrpflöcke: Silberhülsen mit eingravierten Mustern. Sie werden alltäglich von Frauen und Mädchen in den Löchern der Ohrläppchen getragen. Länge 3,5 cm.

13 Haarnadel: Eisenpfeil mit Gehänge von kurzen farbigen Perlenkettchen und Quasten aus roten Wollfäden, von Mädchen im Haarknoten getragen. Länge 9 cm.

14 Fußrassel aus gewölbtem Messingblech, innen hohl, mit Steinkügelchen als Rasseln. Wird von jungen Mädchen zum Tanz getragen. Durchmesser innen bis 13 cm.

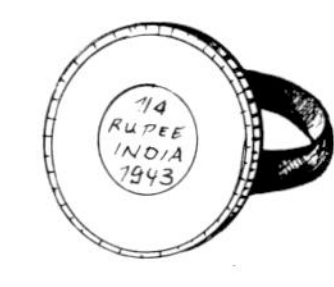

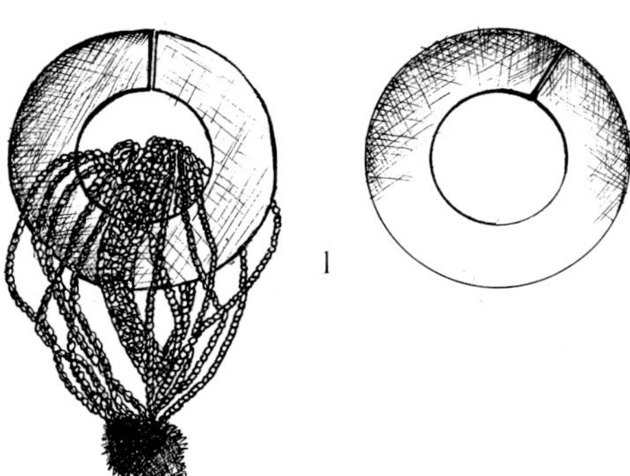

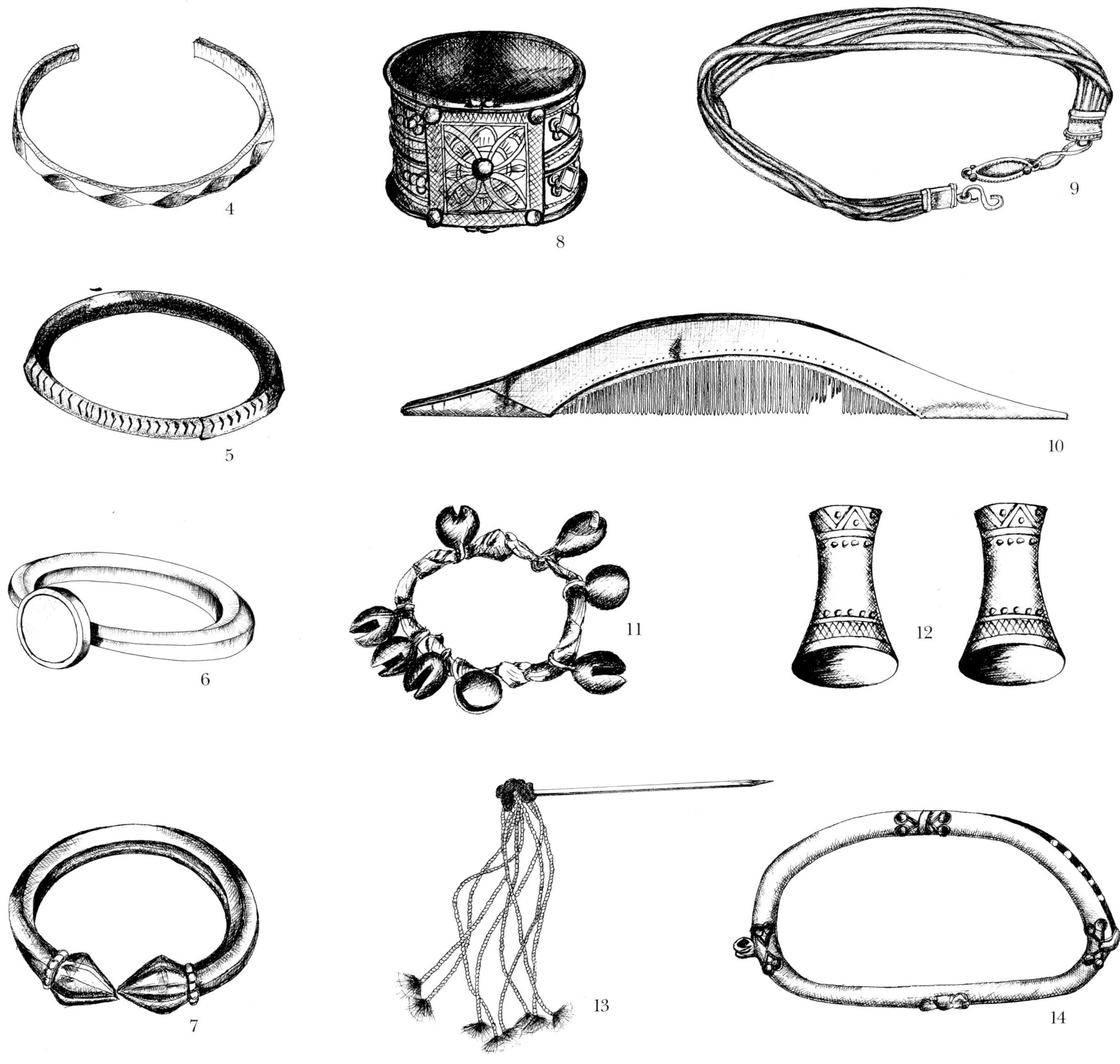

knoten es immer am Hinterkopf. Im Gegensatz zu den Männern tragen sie im Knoten auch immer eine Haarnadel, die sie auch für ihre Handarbeiten brauchen. Früher bestand sie wohl meist aus einem Stachel eines Stachelschweins; die Tiere sind jedoch selten geworden, und die vom Markt gekauften Metallnadeln sind haltbarer. Zu Festen erfreuen sich als Haarschmuck ebenfalls käuflich zu erwerbende bunte Papierrosetten bei den jungen Mädchen besonderer Beliebtheit.

Nicht nur Schmuck wird gekauft, sondern auch einige Stoffstücke. Während die Frauen nur selbstgenähte Röcke tragen, erwerben die Männer die Stoffbahnen, die sie für ihren Durchziehschurz und ihren Turban verwenden, auf dem Markt. Doch kann kein Zweifel daran bestehen, daß auch diese Stoffbahnen einst (wie noch heute bei den Brong) von den Frauen selbst gewebt und an den Enden mit eingezogenen schwarzen oder roten Fäden geschmückt wurden. Die Frauen ihrerseits kaufen ihre (vorwiegend grünen oder blauen) Umhängetücher vom Markt; ältere Exemplare sind rot und gelb gemustert, aber ebenfalls Importware. Ob früher eigene Umhängetücher hergestellt wurden, bleibt fraglich. Die noch hergestellten Schlafdecken können für diesen Zweck nicht verwendet werden. Sie wären viel zu schwer. Diese Decken sind fast zwei Meter lang und liegen, wie die Röcke, doppelt, wobei die Kettfäden an den übereinandergelegten Enden der (insgesamt fast 4 m langen) Bahn zu Kordeln zusammengedreht werden. Zum Weben dieser Decken werden dicke Fäden benutzt: sie sollen ja (obwohl nur aus Baumwolle) auch in kalten Nächten Wärme geben.

Dennoch spielt auch die Technik eine Rolle: die Decken der Marma sind wesentlich dünner, gegebenenfalls muß man mehrere benutzen, um es darunter warm zu haben. Auch die Stoffe, die die Marma-Frauen für ihre knöchellangen Wickelröcke weben, sind dünner als die der Mru: wollten die Mru-Frauen so dünne Fäden und Gewebe herstellen, müß-

<

An Festtagen tragen auch vierjährige Mädchen schon Schmuck: am Hals eine kurze, zweireihige Kette aus olivgrünen Glasperlen, eine Medaillonkette und eine längere Kette mit weißen und kleinen roten Perlen; um die Hüfte eine Kette mit mehreren Strängen grüner Perlen und eine Münzkette; die Ränder des (wie immer in doppelter Lage getragenen) Rockes sind mit kleinen roten Perlen besetzt. Das Armgelenk schmücken drei Armreifen aus Aluminium und ein Baumwollband. Der Vater bemüht sich gerade um den Haarknoten.

ten sie bedeutend mehr Zeit aufwenden — oder eben Spinnrad und Webstuhl der Marma übernehmen. Da aber die Töchter von den Müttern lernen (und dies meist durch bloßes Zuschauen und Nachahmen, eine eigentliche Unterweisung findet nicht statt), sind einer Verbreitung solcher Kenntnisse enge Grenzen gesetzt, abgesehen davon, daß jede Ethnie ihren Stil hat und darauf stolz ist: die Marma können auch nicht so spinnen und weben wie die Mru. Also ist es unter den gegebenen Umständen sinnvoller, die Rohbaumwolle zu verkaufen und für den Erlös dünne Tücher, je nach Bedarf, zu erwerben, statt zu versuchen, sie mit unverhältnismäßigem Mehraufwand selbst herzustellen. Mru-Decken und -Röcke gibt es nicht zu kaufen. Daß nicht alles gekauft wird, was selbst hergestellt werden kann, zeigt nicht nur das Beispiel der Arbeitsjacken, sondern auch das der Umhängetaschen, die die Mru-Frauen selbst herstellen, obschon es sie in gleicher Form und gefälligerer Aufmachung auf dem Markt gibt (inzwischen ja selbst bei uns). Allerdings werden sie selten benutzt — einer der Umhängekörbe tut denselben Dienst.

Nachdem Reis und Baumwolle von den Feldern geholt wurden, zuvor und zwischenein auch die wenigen Maiskolben und Hirseähren, Indigoblätter und Süßrohr sowie Bohnen, Gurken und Kürbisse, Taro und Yams geerntet wurden, bleiben immer noch ein paar Knollen und nachwachsende Kürbisse, die bis in den Januar hinein verfügbar sind. Wer immer will, kann sich auch mit Blumen und wohlriechenden Blättern bedienen, die an den Rändern der Feldwege ausgesät wurden. Es ist Dezember, einer der klimatisch angenehmsten Monate, und Zeit für ein Erntedankfest. Je nachdem, wie man es sich auf Grund der Ernte leisten kann, fällt es größer oder kleiner aus, und die für nötig erachteten Zeremonien variieren von Gegend zu Gegend. Das mindeste, was man opfern sollte, ist ein Huhn; die meisten Haushalte opfern jedoch ein Schwein, das noch klein genug ist, um bequem mit aufs Feld genommen zu werden. Auch mitgenommen werden können die drei Tellergongs und die Trommel: aber dafür sind bereits vier Leute nötig und weitere kommen (wie wir sehen werden) noch hinzu, das heißt, es ist nicht ein Haushalt allein, der zu diesem ‹Feldtanz› aufbricht, sondern eine ganze Gruppe, vor allem die Männer, die sich während der Feldarbeit gegenseitig geholfen haben – die Frauen bleiben meist zu Haus, Opfern ist Männersache; was nicht ausschließt, daß auch Knaben und Mädchen mitkommen.

Einer der Männer sollte ein *sra* sein, ein ‹Meister›, der die Zeremonie leiten kann, denn es gibt so viel zu tun, daß ein gewöhnlicher Mann das alles gar nicht wissen kann. Das beginnt schon mit den verschiedenen Schmuckbambus und ihrer speziellen Ausstattung. Der wichtigste von ihnen befindet sich an der Breitseite des *tsar,* der offenen Plattform des Feldhauses. Er wird mit einem kleinen Geflecht versehen, auf das zwei Garnelen zu legen sind, dazu der Kopf eines kleinen Nagers, den man zuvor fangen sollte; nur sind diese wohlschmeckenden Tiere (im Englischen bamboo rat genannt, aber es sind keine Ratten) sehr selten geworden, und so ersetzt man sie durch kleine, entsprechend zugeschnittene Ingwerstücke; nicht minder symbolisch (nämlich in Form eines kleinen Stückchen Bambus) hängt da noch die Scheide eines einschneidigen Zeremonialschwertes, mit dem der *sra* zu tanzen hätte; sodann eine silberne Hüftkette und eine Armspange, wie die Frauen sie benutzen; und nebenan wird noch ein Speer festgebunden und ein Reisspeicher aufgestellt, zwar nur 20 cm hoch, aber immerhin groß genug, als daß auf eine Unterlage von Stroh etwa 1 kg Reis eingefüllt und Baumwollkörner obenauf gelegt werden können. Wasser wird an diesem Tag in Bambusröhren geholt, in deren Rinde spezielle Muster eingeritzt wurden.

Es gibt vier Ritualplätze: den für das Schweineopfer in der Mitte des *tsar,* den beim ‹Reisspeicher› am Rande, den für die Wahl der

Helfer des *sra* im Feldhaus und schließlich den für das Huhn am *tur-tut* im Feld. An den ersten beiden Plätzen wird je ein Töpfchen mit *hom-noi* (gekochtem Reis mit Wasser) aufgestellt, am dritten, wenn möglich, ein Krug mit echtem Reisbier; dazu kommen jeweils Reis, Bambusblätter und Blumen. Von den Gehilfen des Meisters sind sieben nötig, jedem wird zum Zeichen der Wahl mit einer Sichel etwas Reis auf die Stirne gedrückt, einer hat das Schwein zu schlachten, einer das Huhn, einer den Erdgeist anzurufen und einer die Federn auszurupfen; die letzten drei müssen Schwiegersöhne der Sippe des Gastgebers sein. Auch allen Anwesenden wird etwas auf die Stirn getupft, nämlich eine Mischung aus in einem Bambusrohr gekochten Garnelen und Krebschen mit darin zerstampften sauren roten Früchten des Rosella-Eibischs, der am Feldweg gesät wurde und auch als Gemüse sehr beliebt ist. Dann wird Erde (möglichst von einem Termitenhaufen) mit etwas Ingwer, gekochtem

Reis und Wasser gemischt, in die Blätter einer wildwachsenden Pflanze gewickelt und als *köm-pot* an alle wichtigen Stellen des Feldhauses und der Opferplätze verteilt.

Nach all diesen Vorbereitungen wird ein Ferkel, das man in einem offen geflochtenen Körbchen mitgebracht hat, mit einem scharfen Bambus am Schweineplatz abgestochen, zerlegt und zubereitet; es wird «das Schwein des vom Essen aufsteigenden Wohlgeruchs» genannt. Andere Helfer zerkleinern währenddem einen Kürbis, schneiden grüne Pfefferschoten klein und zerstoßen Ingwer und Gelbwurz in einem Bambusköcher. Von dem so bereiteten Mahl wird etwas auf kleinen Bambusgeflechten den Geistern dargeboten. Der *sra* ruft sie mit einem lauten «hü» zum Essen. Dann wird ein zweites, größeres Schwein, das in schmalen Bambusbändern verpackt mitgebracht wurde, in die Mitte des *tsar* gelegt, und die vier Männer nehmen ihre mit Wedeln der Fischschwanzpalme geschmückten Musikinstrumente, schlagen sie

Erntedankfest.
Das Opferschwein wird mit einem als Pfeil über einen Bogen gelegten Bambusspieß erstochen.

Am *tur-tut* werden den Feldgeistern Gaben dargebracht. Im Vordergrund Töpfchen und Schwalbenschwanzbambus mit *hom-noi*.

Oben:
Der *sra* trinkt aus dem *hom-noi*-Töpfchen am *tur-tut*.

Unten:
Auf dem Rückweg vom Feld werden Tellergongs und Trommel gespielt, bis man wieder im Haus des Festgebers angelangt ist.

und umkreisen damit das Schwein. Ein weiterer Mann trägt drei *tu* genannte einrohrige Kürbispfeifen (die er jedoch nicht spielt), und ein weiterer einen Korb mit dem Huhn. Damit zieht die Gruppe jetzt zum *tur-tut*-Platz, der ebenfalls umkreist wird. Der Gehilfe schneidet mit einer Sichel dem Huhn den Hals durch, sammelt Reisstroh, Baumwolle und Taro-Blätter ein, und dann geht es zurück zum *tsar*, wo das Schwein noch dreimal rechts- und dreimal linksherum umkreist wird, bis der andere Helfer es mit Pfeil und Bogen ‹erschießt›, d. h. mit dem Pfeil, einem scharfen Bambusspieß, ersticht. (Wir erinnern uns: zur Jagd werden Pfeil und Bogen nie benutzt.) Der andere Helfer nimmt das Huhn, hält es dem Schwein an ein Ohr, packt dann auch das andere Ohr und trägt es umher, dreimal rechts- und dreimal linksherum, während die Musik spielt und der *sra* tanzt. Dann werden die Tiere zubereitet und neue Päckchen (*köm-pot*) für die Geister hergestellt.

Sollte während der Feldarbeitszeit jemand ernstlich erkrankt sein, wird angenommen, daß dies mit einem erzürnten Feldgeist oder einem auf dem Feld verendeten Tier etwas zu tun habe, und man verspricht ihm ein Opfer zum Erntedankfest. Wenn dies Versprechen geholfen hat, muß es jetzt eingelöst werden. Begleitet vom Schlagen der Tellergongs und der Trommel zieht man zu einer ‹schlechten› Stelle des Feldes, macht dort mit der Hacke ein Loch, legt es mit besonderen Blättern aus und füllt es mit etwas gekochtem Reis, Wasser, einem Ei, Blut und rohen Fleischstückchen von der Zunge, dem Schwanz, den Füßen und dem Darm des Schweines. Da man nicht weiß, um wen es sich eigentlich handelt, bekommt der Geist auch verschiedene Arten *köm-pot*. Die mit Blut bestrichene Hacke läßt man im Boden: solange das Eisen in der Erde bleibt, kann der Geist niemandem mehr schaden. Die erkrankte und inzwischen wieder gesundete Person nimmt an diesem Opfer teil. Sie hockt sich vor den Schweineplatz auf dem *tsar*, den rechten Arm über den linken

143

gekreuzt, in jeder Hand zwei Blätter, auf die Reis und gekochtes Fleisch gelegt werden. Der *sra* reinigt den ehemals Kranken durch Besprühen mit Ingwerwasser, dann muß er das Essen mit dem Mund von den Blättern aufnehmen, erhält dazu einen Mundvoll Wasser und muß alles wieder ausspucken. Dies wiederholt sich dreimal. Dann kniet er sich, legt den linken über den rechten Arm und muß wieder essen und ausspucken. (Wir erinnern uns: die Männer hocken, die Frauen knien zum Essen). Auch dazu werden Tellergongs und Trommel geschlagen. Die Krankheitseinflüsse sind nun gebannt, und alle können gemeinsam das inzwischen bereitete Festessen verspeisen. Vorhandene Essensreste dürfen nicht ins Feld geworfen werden, sondern werden neben dem Schweineplatz deponiert, darüber werden der Bogen und, schräg nach oben weisend, der Pfeil gelegt. Was an Wertsachen zur Zeremonie gebraucht wurde (Frauenschmuck, Speer, etc.) wird wieder eingepackt, und auf dem ganzen Heimweg spielt die Kapelle.

Ehe die Spieler das Haus des Festgebers betreten, nehmen sie aus einem Töpfchen am Kopf des Steigbaumes nochmal einen Schluck *hom-noi*, speien aus und beenden ihre Musik. Im Hause hat der Festgeber zwei Biertöpfe aufzustellen. Aus dem einen kann jeder trinken, der andere dient zunächst rituellen Zwecken. Zuerst nimmt der *sra* einen Zug aus dem Töpfchen, das auf dem Treppenabsatz steht, und bespuckt damit die Tellergongs und die Trommel, die jetzt wieder geschlagen werden, dann nehmen die Helfer einen Zug aus dem speziellen Bierkrug, während ihnen Wasser über den Hals gegossen wird, zur gleichen Zeit verteilt der Hausherr vom Feld mitgebrachte *köm-pot* im Hause und bindet allen Mitgliedern der Familie einen Faden um das Handgelenk. Nun erhält der Erdgeist Reis und Schweinefleisch. Der *sra* trägt es, zusammen mit etwas von dem rituellen Bier und etwas Schnaps sowie einer Sichel vor das Haus, gießt das Bier in ein Schälchen, beißt etwas von einer Ingwerwurzel ab und bespuckt damit unter Anrufung des Geistes Reis und Fleisch, dann beißt er auf die Sichel, bespuckt nochmals und gießt den Rest des Bieres aus. Jetzt gießt er den Schnaps in das Schälchen, beißt Ingwer ab und wiederholt das Ganze. Dann setzt er den Fuß auf die Sichel, und alle Zuschauer müssen nach rechts weggehen. Am nächsten Tag werden, wiederum unter Bespuckung, die Palmwedel der Instrumente weggeworfen. Damit ist das Fest zu Ende.

Die Mru säen auf ihren Feldern nicht nur Reis, Baumwolle und
Gemüse, sondern auch Blumen. Ein junger Mann hat sich damit
seinen Turban geschmückt; neben die Ohrscheiben hat er
wohlriechende Blätter gesteckt.

Linke Seite:
Mit neuem Rock, Umhangtuch und Schmuck festlich gekleidet,
warten junge Mädchen während einer Hochzeit im Wohnhaus.

Im Gegensatz zu den jungen Mädchen tragen die jungen Männer
nie Perlenschmuck um den Kopf oder Hals. Doch legen
auch sie Wert auf volles langes Haar, das links vorn zu einem
Knoten geschlungen wird. Als weiterer Schmuck dienen,
außer den Zierkämmen und den mit Münzknöpfen versehenen
Haarnadeln, vor allem Blumen, die auch zusätzlich zu den
Ringen im Loch des Ohrläppchens getragen werden können.
An immer neuen Ideen stehen sich die beiden Geschlechter dabei
nicht nach, denn auch Mädchen schmücken sich zum Fest mit
Zierkämmen, Münznadeln und Blumen.

Rote Farbe und schwarze Zähne erhöhen die Attraktivität.

Linke Seite:
Während der Abende der Trockenzeit, wenn die Feldarbeit nicht
mehr täglich alle Kräfte erfordert, kommen die Mädchen in
einem Haus zusammen, um zu spinnen. Junge Männer kommen
zu Besuch, plaudern, singen Liebeslieder und spielen auf der
als Solo-Instrument benutzten achtrohrigen Mundorgel.

Der Bräutigam mit zwei auffälligen Zierkämmen im zum schönen Knoten zusammengefaßten und geölten Haarschopf.

Linke Seite:
Bei der Hochzeit muß das junge Mädchen das Elternhaus verlassen und zum Mann ziehen. Zusammen mit den beiden Brautjungfern, die sie in dieser schweren Stunde begleiten, wartet die Braut voller Unsicherheit auf der offenen Plattform des Hauses ihres künftigen Schwiegervaters, bis dieser sie mit einem Willkommenstrunk ins Haus bittet.

Nächste Doppelseite:
Während die Mutter ihr Baby mit weichem Reis füttert, warten die Hunde geduldig auf die Reste.

Mädchen, Frauen und ein Knabe schauen neugierig dem
Photographen bei der Arbeit zu.

Linke Seite:
Heranwachsende Töchter helfen bald im Haushalt. Eine ältere
Schwester sorgt für ihren kleinen Bruder, trägt ihn im Tragtuch
mit sich oder, wenn er größer wird, auf der Hüfte.

Kinder plantschen übermütig im Bachwasser
unterhalb des Dorfes.

Was Erwachsene tun, wird Kindern nicht verboten.

Kinder erfinden sich ihre eigenen Spielzeuge. Hier hat ein Junge
eine sogenannte Bambusratte ausgegraben und mit dem
Schwänzchen an eine Bambusschnur gebunden.
Wenn sie tot ist, wird er sie der Mutter zum Kochen bringen.
Ihr Fleisch schmeckt vorzüglich.

Im *kimma* ihres Hauses, dessen Vorderwand entfernt
wurde, trauern ein Ehemann und sein Söhnchen
um die verstorbene Frau und Mutter.

Hundeopfer sind selten, jedoch gelegentlich zur Abwehr böser
Geister erforderlich. Die Hunde werden nicht erstochen,
sondern erschlagen, dann jedoch (außer als Totenbegleiter) ganz
wie die Schweine abgesengt, zerlegt und gekocht. Ihr Fleisch
zu essen, ist rituelle Pflicht der älteren Männer.

Rechte Seite:
Vor allem junge Männer färben sich oft die Zähne mit Eisenruß
schwarz. Der Belag verschwindet wieder, sobald er nicht mehr
erneuert wird.

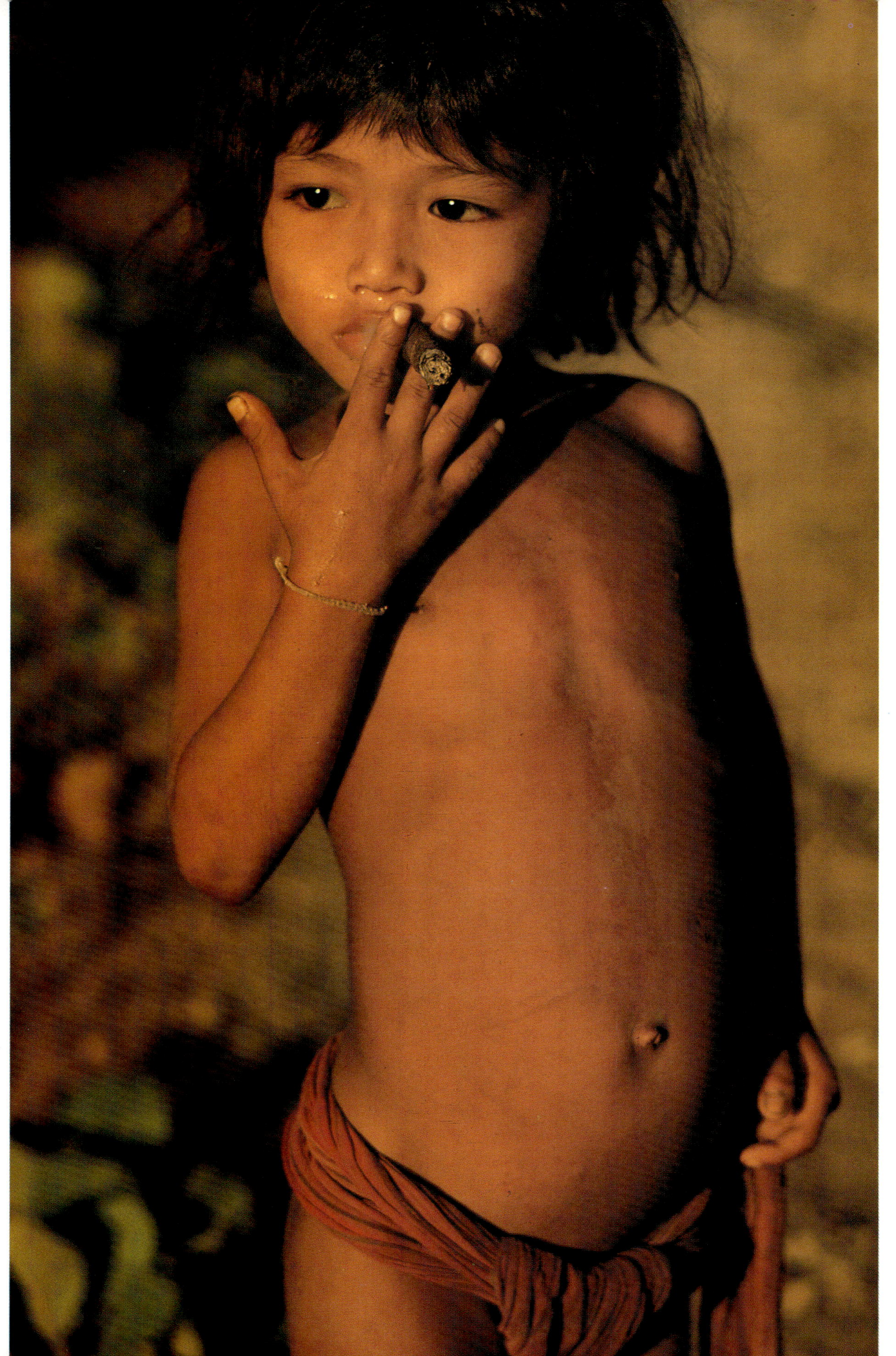

Auch einen Sechsjährigen mag es einmal nach einer guten Zigarre gelüsten. Am rechten Handgelenk trägt er einen der Baumwollfäden, die allen Familienmitgliedern vom Ältesten zum Abschluß eines Opferfestes umgebunden werden.

Um den Haarknoten größer erscheinen zu lassen, kann man das
eigene Haar mit einem zusätzlichen Haarteil verstärken.
An einem Band um den rechten Oberarm trägt der junge Mann
ein Amulett. Solch längliche Kapseln, die ein Zettelchen mit einer
magischen Formel enthalten, gibt es auf dem Bazar zu kaufen.

Verwandtschaft und Lebenslauf

Jede Siedlung der Mru, wie jede Siedlung der Hill Tracts überhaupt, hat ihren Karbari, ihren ‹Geschäftsführer›. Dieser Posten geht, wie schon erwähnt, auf die von der Kolonialverwaltung eingerichtete Ordnung zurück. Einige dieser Karbari (das Wort stammt aus dem Bengali) führen noch den Titel Ruatsa (ein burmanisches Wort, das wörtlich übersetzt ‹Dorf-Esser› heißt und ursprünglich einen Mann bezeichnete, dem der König das Recht verliehen hatte, von den Dorfeinkünften zu zehren). Beide Bezeichnungen verweisen auf eine Abhängigkeit von einer übergeordneten Macht. Vor der englischen Zeit dürften die Ruatsa etwa die Funktion der späteren Headmen gehabt und mithin von mehr als einer Siedlung ‹gezehrt› haben. Aber die Zeit liegt inzwischen mehr als 100 Jahre zurück, und es bleibt fraglich, ob damals schon alle Mru-Dörfer einem Ruatsa unterstellt waren und ob diese Ruatsa ihrerseits von einem Marma-Herrscher abhängig waren oder sich nur den Titel zulegten. Es ist durchaus möglich, daß die einzelnen Siedlungen keinen Anführer hatten. Noch heute werden alle Angelegenheiten gemeinsam besprochen, und der Karbari hat dabei nicht mehr zu sagen als alle anderen Haushaltsvorstände. Indessen berichtet ein altes Mru-Lied, dessen Handlung zum Teil noch in Arakan spielt, von einem (auch mit burmanischen Titeln versehenen) ‹großen Mann› des Dorfes, der Recht spricht, und zwar in Heiratsangelegenheiten. Wie wir gleich sehen werden, sind nach den Mru-Regeln eine ganze Reihe Heiratsverbindungen unstatthaft; solche Verbindungen zu verhindern, ist heute jedoch allein Angelegenheit der Verwandten des Paares. Wenn allerdings dem Bohmong (dem Marma-Chief) eine solche Verbindung bekannt wird, erlaubt er sich, ein Strafgeld einzukassieren, auch wenn die Verbindung nach den Heiratsregeln der Marma durchaus statthaft wäre. Die Mru sehen das aber so, daß man sich vom Bohmong die Erlaubnis erkaufen kann, gegen die Regeln zu heiraten – der alte Dorfvorstand im Lied verhindert die Heirat.

Wovon die Mru sonst noch wissen, sind nicht Dorfvorsteher, sondern Sippen-Herrscher, die zum Teil ebenfalls Ruatsa genannt wurden, für die es aber auch ein Mru-Wort gibt. Allerdings hatten nur einige wenige Sippen einen solchen ‹großen Mann›. Kleinere Sippen waren ihm unter Umständen tributpflichtig. Einige Dörfer tragen, wie schon erwähnt, den Namen der dort vorherrschenden Sippe, aber es ist nicht anzunehmen, daß Dörfer früher in der Regel nur von einer Sippe bewohnt wurden, und auch nicht, daß eine Sippe nur ein Dorf bewohnte. Die Sippenhäupter dürften also über mehrere Dörfer geherrscht haben, aber über die Angehörigen anderer Sippen, die ebenfalls dort wohnten, nur dann, wenn diese keinen eigenen Sippenherrscher hatten. Einige Headmen mögen mit Stolz darauf verweisen, daß schon ihre Vorfahren Ruatsa waren, aber ihre Funktion ist eine ganz andere geworden: sie sind Mittelsmänner der Regierung, haben jedoch in ihrer Sippe keinerlei Führungsanspruch.

Die Sippen sind heute auch keine politischen Einheiten mehr, dennoch ist die Sippenzugehörigkeit für jeden Mru-Mann und jede Mru-Frau wichtiger als ihre Dorfzugehörigkeit.

Zwischen Dezember und Februar können die Nächte empfindlich kühl werden. Bei Temperaturen zwischen 10 und 15 Grad tut es gut, sich abends an einem lodernden Feuer wärmen zu können. Hin und wieder sprühen Funken auf: Ein Bambusinternodium explodiert mit lautem Knall.

Ihr Dorf können sie wechseln, ihre Sippe nicht. Der Sippenname wird in der väterlichen Linie weitergegeben; Frauen behalten ihn auch nach der Heirat, können ihn jedoch nicht an ihre Kinder weitergeben. Diese gehören vielmehr immer zur Sippe des Mannes, gleichgültig, ob er ihr Erzeuger ist oder nicht, auch dann, wenn die Frau voreheliche Kinder mit in die Ehe bringt. Wenn man davon absieht, daß die Frau den Sippennamen bei der Heirat nicht wechselt und daß ihre vorehelichen Kinder vom Ehemann nicht erst adoptiert zu werden brauchen, ähneln die Mru-Sippen den Gruppen, die bei uns einen gemeinsamen Familiennamen tragen. Nicht alle Leute gleichen Familiennamens gelten bei uns als verwandt, wohl aber bei den Mru: wer den gleichen Sippennamen hat, gilt in jedem Fall als enger Verwandter: etwa Gleichaltrige sind ‹ältere oder jüngere Geschwister›, mit größerer Altersdifferenz sind sie ‹Vaters Brüder oder Schwestern› bzw. (Bruders) ‹Söhne und Töchter›, und bei noch größerem Abstand ‹Großeltern und Enkel›. Und alle diese können untereinander nicht heiraten; die Sippen sind exogam.

Aber nicht nur in der eigenen Sippe kann man nicht heiraten. Ein Mru-Mann darf auch keine Frau aus Sippen nehmen, die ihrerseits Frauen aus seiner Sippe geheiratet haben. Jede Sippe steht zu den anderen Sippen entweder im Verhältnis eines Frauengebers oder eines Frauennehmers. Die frauengebenden Sippen – aus ihnen haben schon der Vater und seine Brüder, der Vaters-Vater und seine Brüder usw. ihre Frauen genommen – sind *tutma*-Sippen, und die frauennehmenden Sippen – in sie haben schon Vaters und Vaters Vaters Schwestern geheiratet, in sie heiraten die Schwestern und Töchter – *pen*-Sippen. Zudem mag eine Sippe zu einer anderen oder mehreren anderen auch noch im *tainau*-Verhältnis stehen, d. h. im Geschwisterverhältnis; in diesem Fall ist die Zwischenheirat überhaupt verboten. *Tai* bezeichnet den älteren und *nau* den jüngeren Bruder, und in einigen Fällen wird das Sippenverhältnis darauf zurückgeführt, daß in den alten kriegerischen Zeiten eine stärkere und eine schwächere Sippe einen Bund schlossen, in dem sie sich verpflichteten, sich brüderlich beizustehen; aber auch heute noch können zwei Männer aus zwei Sippen einen Bruderpakt schließen, der dann zur Folge hat, daß zwischen beiden Sippen nicht mehr geheiratet werden kann, der aber auch zur Voraussetzung hat, daß alle Sippenangehörigen einverstanden sind und sich insbesondere niemand daran erinnert, daß zwischen beiden Sippen ein *pen*- oder *tutma*-Verhältnis bestünde. Und das ist höchst selten der Fall.

Mit traditionellen Beziehungen zwischen den Sippen sind auch die Verhaltensweisen zwischen den Sippenmitgliedern vorgegeben. Den *tutma*-Männern hat man im Prinzip so zu begegnen wie einem Mutterbruder oder einem Schwiegervater, den *pen*-Männern wie einem Schwestersohn oder Schwiegersohn, d. h., die *pen* als Frauennehmer haben den *tutma* als Frauengebern Achtung zu erweisen, und folglich geht ein Mann auf Reisen lieber in das Haus eines *pen*-Verwandten, wo er als *tutma* wohl angesehen sein sollte, als in das Haus eines *tutma*, dem er ja eigentlich zu Diensten sein sollte. Unverheiratete Männer mögen allerdings den *tutma* den Vorzug geben, sind die Töchter eines *tutma* doch potentielle Ehepartnerinnen für ihn. Daß es überhaupt Sippen gibt, zwischen denen kein Heiratsverhältnis existiert, merkt ein Mru eigentlich erst dann, wenn er sehr weit entfernte Dörfer besucht und dort auf Angehörige einer Sippe trifft, von der er vielleicht noch nie gehört hat. Eine solche Unkenntnis bereitet, wenn sie gegenseitig ist, Unbehagen, denn man weiß dann nicht, wie man sich zu benehmen hat.

Eheliche Zerwürfnisse oder Scheidungen können keinen Einfluß auf das bestehende Sippenverhältnis haben. Dieser Vorteil der Sippenordnung wird allerdings jenen jungen Leuten zum Verhängnis, die meinen, für einander geschaffen zu sein, obschon die Sippenverhältnisse dem widersprechen. Am ehepenverhältnisse dem widersprechen. Am ehesten können sie hoffen, dennoch zum Ziel zu kommen, wenn das Sippenverhältnis ein rein formales ist, d. h., keine Ehen zwischen Angehörigen der beiden Sippen bestehen und sich womöglich auch niemand mehr an solche erinnert. Dann ist für das junge Paar die Hürde eigentlich schon genommen, wenn der Vater des jungen Mannes zustimmt; der Vater des jungen Mädchens sitzt, wie wir noch sehen werden, am kürzeren Hebel und wird irgendwann nachgeben müssen. Aber eben deshalb nützt seine Zustimmung allein nichts; auch alle anderen Haushaltsvorstände seiner Sippe haben ein Wort mitzureden. Für ihre Zustimmung zur Umkehrung des Sippenverhältnisses können sie vom Brautvater eine beliebig hohe Summe verlangen, die prohibitiv wirken kann. Die Heirat wird jedoch trotzdem möglich, wenn sie wenigstens zustimmen, daß der Vater des Bräutigams ihnen über den Brautvater eine Beschwichtigungszahlung zukommen läßt. Das bisherige Sippenverhältnis bleibt dann bestehen und gilt auch weiter für die Kinder des irregulär verheirateten Paares. Allerdings muß es damit rechnen, von den anderen gemieden zu werden.

Anders ist es, wenn bereits eine reguläre Heirat zwischen den Sippen besteht. Es wird dann für das junge Paar sehr schwer, die Zustimmung zu einer Heirat in die Gegenrichtung zu erhalten. Nicht nur die beiden Elternpaare, sondern auch alle Angehörigen beider Sippen müssen um ihre moralische Reputation fürchten, wenn sie dem Druck der Liebenden nachgeben. Aber die Eltern müssen auch befürchten, ihre Kinder zu verlieren. Den Liebenden bleibt die Flucht über die Grenze nach Arakan in eine völlig ungesicherte Zukunft, oder der gemeinsame Tod – die einzigen Fälle von Selbstmord, die unter den Mru bekannt waren, hatten Eltern zu verantworten, die unerbittlich bei ihrem ‹Nein› geblieben waren.

Theoretisch stehen zwar alle Mru-Sippen zu jeder anderen in einem vorgegebenen Heiratsverhältnis (*tutma*, *pen* oder *tai-nau*), fragt man jedoch einen Mann nach seinen *tutma*, wird er meist nur einen Sippennamen nennen, den des Bruders seiner Mutter. Und fragt man ihn nach seinen *pen*, wird er eventuell sagen, er habe keine, weil er noch keine verheiratete Tochter hat - *pen* ist also die Sippe des Schwiegersohnes. Das ist jedoch nur die Sicht des Mannes. Er heiratet eine *tutma*-Verwandte, seine Kinder gehören seiner eigenen Sippe an. Eine Frau hingegen heiratet einen *pen*-Verwandten, und ihre Kinder gehören, wie er, einer *pen*-Sippe an. Die Kinder einer Frau sind ihre *pen*, ihre Mutter ist ihre *tutma*. *Pen* (Khumi: *theo*’) bedeutet ‹Geborene›, ‹Nachkommen›, *tutma* (Khumi: *pakiüng*) sind ‹die Unteren, Hinteren›, die Vorfahren. In der männlichen Perspektive erhalten *tutma* und *pen* durch ihren Bezug auf die Heiratsordnung zwischen den Sippen zwar eine veränderte Bedeutung, doch zeigt sich die Gleichsetzung auch in der Verwandtschaftsterminologie: ein Mru bezeichnet die Brüder seiner Mutter und seinen Schwiegervater (beides seine *tutma*) genauso wie seine Großväter, und die Söhne seiner Schwestern und seine Schwiegersöhne (beides seine *pen*) genauso wie seine Enkel. Da die *tutma* als Frauengeber (‹Vorfahren›) den *pen* als Frauennehmern (‹Nachkommen›) übergeordnet sind, heiraten Männer nach ‹oben›, Frauen nach ‹unten›. Diese Rangordnung zeigt sich in den ritualisierten Verwandtschaftsbeziehungen (z. B. im Geschenkaustausch) zwischen den Männern der beiden Sippen; sie bedeutet jedoch nicht, daß Ehefrauen ihren Männern übergeordnet wären. Eine Präferenz, bestimmte Verwandte zu heiraten, besteht nicht. Zur Aufrechterhaltung der Ordnung genügt es, wenn Männer keine *pen* heiraten, keine Töchter von Frauen ihrer Vaterslinie, und Frauen keine *tutma*, keine Söhne von Männern ihrer Mutterlinie. Kinder von Männern der Vaterslinie sind *tai-nau*, ‹Geschwister›, und mithin auch nicht heiratbar. Wie aber steht es mit Kindern von Frauen einer Mutterlinie? Bei den Khumi, die im übrigen dasselbe Verwandtschaftssystem besitzen wie die Mru, gelten auch diese als Geschwister, so daß man auch die Tochter der Schwester der Mutter nicht heiraten kann. Bei den Mru herrscht jedoch die männliche Sichtweise vor: ein Mann kann alle Kusinen mütterlicherseits heiraten, vorausgesetzt nur, ihr Vater ist ein *tutma*-Mann. Nach dem gleichen Prinzip könnte ein Mru-Mann auch seine Halbschwester heiraten, wenn ihr Vater ein *tutma*-Mann ist; denn sie gehört dann ja auch zu einer frauengebenden Sippe. Aber auch die Mutter und ihre Schwestern sind *tutma*-Frauen – doch hier sagen auch die Mru ‹nein›, das geht nicht mehr. Die weibliche Linie wird also noch respektiert, doch nur im engsten Kreise; die männliche, repräsentiert durch ihre Sippen, bestimmt weitestgehend die Heiratsregeln.

Heißt das nun aber auch, daß die Frauen benachteiligt sind? Sicher nicht bezüglich der Heiratspartner, denn die Beschränkungen gelten für beide Geschlechter ja gleichermaßen. Wohl aber etwas bezüglich des Heiratsarrangements und der Ehe, und wohl auch in ihrer Beziehung zu den eigenen Kindern, die ja ihrer Sippe nicht angehören. In mancher Hinsicht ist die Frau formal rechtlos, aber wir werden sehen, daß das den Männern gar nichts nützt, ja, die Frauen mehr Entscheidungsfreiheit haben als sie.

Wenn ich dieses Kapitel mit der Beschreibung der inzwischen vergangenen politischen und der noch gültigen verwandtschaftlichen Ordnung begonnen habe, so geschah es, weil sich das alltägliche Leben vor dem Hintergrund und im Rahmen dieser von den Männern dominierten Ordnung abspielt. Wir haben gesehen, daß Mann wie Frau ihr Leben aufs Spiel setzen, wenn sie versuchen, den Regeln dieser Ordnung zuwiderzuhandeln, sofern es nicht andere Regeln gibt, die es dem System erlauben, Regelverstöße unbeschadet zu neutralisieren. Auch das alte politische Führungssystem war an die Sippenordnung gebunden, und rückblickend wird klar, daß auch ein Sippenchef (als Frauennehmer) über seine Mutter und seine Frau Männern

anderer Sippen Achtung zu erweisen hatte, während er gleichzeitig (als Frauengeber) von den Ehemännern seiner Schwester und Töchter Loyalität erwarten durfte. Diese Bindungen waren jedoch nicht vom Schicksal der einzelnen Ehen abhängig, sondern selbst nur Bestätigungen der unabhängig davon existierenden Sippenbeziehungen, die sicherstellten, daß alle Mru untereinander in vorgegebenen Verwandtschaftsbeziehungen standen. Nicht das politische Führungssystem, sondern das Verwandschaftssystem schloß – und schließt – die Mru zu einer Einheit zusammen. Es ermöglichte eine gesellschaftliche Ordnung ohne Staat, wenn es auch nicht stark genug war, die Überlagerung durch einen Staat abzuwehren. Dieser Staat nimmt dem Verwandtschaftssystem seine politische Funktion und damit viel von der einstigen Rolle der Männer. Offiziell ist ihnen die Rechtsprechung entzogen; aber auch ohne daß der Bohmong irreguläre Heiraten mit Geldstrafen sanktioniert, halten die Mru die Verwandtschaftsordnung aufrecht, und sei es auch nur rituell. Dies dürfte allerdings in der Vergangenheit auch nicht viel anders gewesen sein, es sind nämlich nicht die Männer, sondern die Regeln, die bestimmen, was zu tun ist. Wer sich nicht an sie hält, beleidigt nicht einen Herrschaftsanspruch, sondern beweist damit nur, daß er kein rechtschaffener Mensch ist. Trifft ihn ein Unglück, wird niemand sich darüber wundern, und niemand wird ihm mitleidig zu Hilfe kommen. Verstöße gegen die rituell sanktionierten Regeln wirken sich immer negativ aus, da sie die Geister beleidigen. Was genau eintreten wird, wissen die Mru auch nicht, aber die Erfahrung lehrt sie, daß es nichts Gutes sein kann.

Gut ist, daß es Regeln gibt, denn so weiß man, was notfalls zu tun ist. Das heißt aber nicht, daß alles reglementiert ist, im Gegenteil. Die Regeln setzen nur die Rahmenbedingungen, innerhalb derer jeder frei ist, seine eigene Wahl zu treffen. Wir sahen das schon beim Feldbau – noch deutlicher wird es bei der

Heiratsordnung: sie gibt vor, wer nicht heiratbar ist, aber sie ordnet niemandem einen bestimmten Heiratspartner zu. Es ist auch nicht verboten, über die Grenzen der eigenen Ethnie hinaus zu heiraten. Daß solche interethnischen Heiraten selten vorkommen, hat seinen Grund darin, daß die von den Ehepartnern zu befolgenden Regeln dann nicht recht übereinstimmen – die Frauen behalten ja ihre Sippenangehörigkeit bei, und folglich wird auch niemand von ihnen erwarten, daß sie ihre ethnische Identität wechseln. Interethnische Heiraten sind deshalb am ehesten möglich, wenn die Kulturen beider Partner nicht sehr verschieden sind – das ist für die Mru der Fall bei den Khumi und auch noch bei den Bawm. Marma oder Chakma haben bereits ein ganz anderes Verwandtschafts- und Glaubenssystem, obschon sie zumindest noch wissen, wie man ein Feld bestellt. Die Bengalen hingegen wissen nicht einmal das; mit ihnen hat man nichts gemein und mit ihnen will man auch nichts gemein haben, denn sie sind Menschen, die, im Gegensatz zu den Mru, fremde Sitten nicht tolerieren. Ich weiß nur von einem Fall einer Heirat eines Mru mit einem Bengalenmädchen. Als er merkte, daß sie auch gar nichts von dem verstand, was eine Mru-Frau nun einmal können muß, schickte er sie wieder nach Hause. Aber mit diesem Fehlgriff verscherzte er sich auch das Ansehen bei seinesgleichen: wer so etwas tut, muß entweder einmalig dumm oder moralisch völlig herabgekommen sein. Moralisch völlig herabgekommen war ein opiumsüchtiges Ehepaar, das sich bereit erklärte, seine Tochter einem Bengalen zur Begleichung seiner Schulden zur Frau zu geben. Die Verwandtschaft tat sich zusammen und verhinderte die Heirat; aber auch hernach wollte kein Mru das ausgelöste Mädchen mehr zur Frau. Denn ein Mädchen hat sich nicht verkaufen zu lassen, die Eltern können es nicht zur Heirat zwingen.

Zwar gehört zu den Standard-Formulierungen in den Liebesliedern der Mru die Klage des jungen Mannes, daß die Eltern dem Mädchen einen anderen Mann ausgesucht haben, aber diese Klagen werden immer verbunden mit der Aufforderung an das Mädchen, sich von der in Aussicht gestellten guten Partie nicht blenden zu lassen. Eine solche Aufforderung hat nur dann Sinn, wenn das Mädchen ein Wort mitzureden hat. Und das hat es in der Tat, und sogar mehr als der junge Mann; allerdings nicht, weil Töchter mehr Rechte hätten als Söhne, sondern weil die Regeln festlegen, daß die Frau zum Mann zieht. Weder die Eltern des jungen Mannes noch die des jungen Mädchens können ihre Kinder zu einer bestimmten Heirat zwingen; die bessere Möglichkeit, sich gegen einen Heiratswunsch zu sperren, haben jedoch die Eltern des Mannes: weigern sie sich, die Schwiegertochter zu akzeptieren, kann sie nicht ins Haus, weigern sich hingegen die Eltern des Mädchens, läuft sie ihnen trotzdem weg. Zudem muß ein junger Mann befürchten, vom Erbe ausgeschlossen zu werden, wenn er seinen Vater brüskiert (er hat es dann schwer, zu den für seine Rolle nötigen Zeremonialwaffen zu kommen), einem Mädchen kann das gleichgültig sein.

Wie auch immer: wenn die Wünsche der Kinder nicht gegen die Sippenregeln verstoßen, werden die Eltern irgendwie nachgeben müssen, vorausgesetzt nur, daß die beiden Liebenden es wirklich ernst meinen. Der Widerstand der Eltern kann nur den Zweck haben, diese Ernsthaftigkeit auf die Probe zu stellen, um nicht Gefahr zu laufen, daß die junge Ehe alsbald wieder in die Brüche geht. Wollten die Mru-Eltern über ihre Kinder wirklich bestimmen, könnten sie sich an den Bengalen ein Beispiel nehmen und versuchen, ihre Töchter möglichst frühzeitig zu verheiraten, damit sie nur ja keine unerlaubten Erfahrungen machen. Aber eben diese Sitte zitieren die Mru als Beweis, daß die Bengalen moralisch verkommen sind. Mru-Mädchen können mit dem Heiraten warten, bis sie meinen, den Richtigen gefunden zu haben, und bis dahin steht es ihnen frei, die nötigen Erfahrungen zu sammeln.

Mentshing Atuang, der Dichter und Sänger des *Plong Rau Meng*, beim Einkerben eines Bambusrohres.

Mentshing Atuang: Plong Rau Meng

Tshong leng ö
tsi tshang long ba, tsi tshang long a
hom prek prai li, hom prek prai wöi döi ö
apre tarua, tan dong öi lang
hom tan döi le, u ö ba
tshong wang tö ang, tö kung thi klai
ang plong i rui döi kabö, rau rök ö
U ko ö le
kling tshia tshek hai, kar ko pom wöi katse
phung ram wui en, wui tum dong lu
kau phom tsün yung, kön tse dönök nöm, u öi
U rau ö
yang bong tong teng, tong rö hung kada
kliu re ram min, re ram bön lön
manong wang ni, dang de la ram
ni nong e da
U rau ö
lung ko plong mon, palai döm tson, pawa kom rui
kar ko plong mon, palai döm tson, pawa kom rui yong da
tshong om plong mon, khin wang li len
khin wang li len khök u ö, rau rök ö
en wang tö ang, tö kung thi klai
hom tan döi le
Pai a ö
pröt tsong tui tang, pröng mom tson hön
la ko wang rung, ni nong khan ka

Liebeslied

Oh Geliebte,
wir beide, ach wir beide,
zertrennt im Zusammensein, getrennt nicht zusammen,
in entzweiten Dörfern, andren Häuserzeilen,
in Einsamkeit, ach du,
Geliebte, du verläßt mich, läßt mich leer zurück
in meiner Seele Kummer, oh junger Morgen!
Oh Helle du,
mit dem Stab des Eisenpfeils im Hühnertragkorb
zieht dich ein Mann herab, dich Blume die Treppe herab,
um Bambus zu einem Pfosten zu binden, sich dir zu verbinden, oh du.
Oh Morgen du,
auf den Bergen des Yangbong, auf der Kette der Berge,
vergilben die Blätter, fallen die Blätter der Seidenwollbäume,
nach jenen Regentagen, die Blätter der Baumwollbüsche,
eines Tages.
Oh Morgen du, wie die
Rinder in den Niederungen der Ebene, sie alle miteinander, nachdenklich sind,
die Hühner in den Niederungen der Ebene, sie alle miteinander, nachdenklich sind,
so wirst du, Geliebte, nachdenklich, wenn die Zeit kommt,
wenn die Zeit gekommen ist, oh du, oh junger Morgen,
du verläßt mich, läßt mich leer zurück
in Einsamkeit.
Sieh dort,
im Osten wasserklar, vom Rand des Horizonts,
stieg der Mond auf, an jenem Tag,

174

la ko wang tshot, tshot thum phai phia
ni nong e ka, tsi prö lö mani
kang ding wöi löi, rong nöm tsatöm tse dia
rau rök a
en wang tö ang, tö kung thi klai
ang plong i rui dönöm, rau rök ö
U ö le, u rau ö
en plong thüm rau, pangö e ka
lai döm tsing yöng, tsing mung krung yong
ang tse tanöm, u ö ba
ang ria tsin daku, taklep pöng köi
ang ko tsin tai rau, tut tse tang tang
en wang tö ang, tö kung thi klai da
ang plong i rui döi, u ö
Dam li ö, dam li ö
tshak klam ya ö, ang rui bong tanga
ang kri bu tang leng, ang bong tshong tang töm
u tse dia le
U rau ö
phung ram tuk lung, padöi mi tse
paklik döng rui, tsang klik döng na
hom tan döi le, u ö ba
phung ram tsang en, rui bong tanga
tsa tsi tsakang mi klai döm töm
hom tan döi nöm, u ö ba
U rau ö ba
en tum tshing long, alö mi da
nöm u rui en, rui rong nöm töm
ang yan khök nöm le, u öi
U rau ö le
rang lö mi da, en kung thi rong köi
rang tsam tsöng a, pia tui nöm kar wa
kön tse dönök le
tur tsam ui nguk, ui pia run run
da tse yong da, en kung thi köi
rang tsam ui nguk, ui pia run run
rang tse dönök nöm, tshang ngan a
U rau ö
tsi kling paing pyo dia tshik ba ö
en nöm u tang, nöm u rui en
rui rong nöm töm, tse le ngan po
kar ki tsau pün, pün kri bia pa
arong nöm töm döi lö ngan po
plong krek köi ngön, tsi keng tong rui daba
mi phung köi le, tsi keng tong rui tshik
mi phung köi ba öi
U rau ö le
tsi lai thi wan, tsi plong ko rau dale
u rau ö le, u rau ö ba
marüm klau poi, klau döng tsahap
wang dang dia le, wang dang böt

fielen die Strahlen des Mondes auf das Geflecht des Fußbodens,
jenes Tages, als wir damals zueinander sprachen:
tun wir beide, was Sitte ist, am rechten Ort,
ach junger Morgen,
du verläßt mich, läßt mich leer zurück
in meiner Seele Kummer, oh junger Morgen!
Ach du, oh Morgen du,
als dein Liebeskummer übermächtig war,
wie die Bohnen des Flachlands, das Rankengeflecht der Bohnen,
hielt ich dich doch.
Tief in meinen Eingeweiden, allen Falten und Windungen,
in meinem Innersten schmerzt es mich so sehr,
du verläßt mich, läßt mich leer zurück
in meiner Seele Kummer, oh du.
Oh kühler Wind, oh kühler Wind,
der du das Herz erfrischst, für die Finger meiner suchenden Hand
das Messinggefäß, das ich mit den Händen bedecke, mit den Armen umfasse,
seist du.
Oh Morgen du,
ein Mann, der dich nicht zu halten weiß,
sucht deine Umarmung, drückt dich an seine Brust,
in Einsamkeit, ach du!
ein Mann macht dich, mit den Fingern der suchenden Hand,
zum Korb, den Reis des getrockneten Padi hineinzuleeren,
in aller Einsamkeit, ach du!
Oh Morgen du,
du Blütenbaum, der du bist,
deine Mutter sucht für dich, sucht einen rechten Platz,
ich wurde verstoßen, ach du!
Oh Morgen du,
ich da, am Ort, den du verlassen hast,
ich werde zu einem Huhn werden, das nach Wasser schmachtet,
zu nichts anderem,
wie eine Taube, die nach Beeren schluchzt, nach Beeren schmachtend gurrt,
ganz derart, von dir zurückgelassen,
werde ich nach Beeren schluchzen, nach Beeren schmachtend gurren,
nicht anders, der Geliebten gedenkend.
Oh Morgen du,
laß uns zwei doch glücklich sein!
Deine Frau Mutter, deine Mutter sucht für dich,
sucht einen rechten Platz, doch bedenke auch,
wo die fetten Hühner sich häufen, sich auf der Fläche der Messingschale häufen,
ist nicht der rechte Ort, bedenke auch,
was das Herz begehrt, ist doch, daß wir zwei zusammenkommen,
und in dieser Welt laß uns zusammenkommen,
ja, in dieser Welt.
Oh Morgen du,
der Inhalt unserer Worte, unser Liebeskummer, ach
oh Morgen du, oh du, Morgen du,
im Walde die Blätter des *klau*, mit der glatten Ober- und der rauhen Unterseite,
geh und schau dich danach um, geh, schau nach.

Und was den Töchtern erlaubt ist, steht auch
den Söhnen zu; doch die Situation ist nicht
ganz dieselbe. Wohl kann ein Mru-Mädchen
von sich aus einen Flirt beginnen, aber in der
Regel sind es die Jungen, die den Mädchen
Avancen machen. Junge Mädchen genieren
sich; auch junge Männer tun es, aber von den
Mädchen wird es erwartet, daß sie es tun. Es
gilt als unschicklich, sich allein in Gesellschaft
eines jungen Mannes sehen zu lassen; das gilt
selbst im eigenen Dorf, wo die jungen Leute
sich ja seit vielen Jahren kennen. Junge Mädchen lieben es daher, in Gruppen aufzutre-
ten, da fühlen sie sich sicherer, und wenn
dann die vor den Mund gehaltene Hand mit
nach hinten geklappten Fingern ein Kichern
kaum verbirgt, weiß man nie, ob sie nun verlegen sind oder sich über einen lustig machen.
Wenn ein junger Mann mit einem jungen
Mädchen reden will, ohne daß sie sich ihm
entzieht, muß er die Abendstunden wählen.
Dann findet er sie in dem einen oder anderen
Haus zusammen mit ihren Freundinnen
beim Spinnen. Und die Mädchen erwarten,
daß ein paar junge Männer kommen, um sie
dabei zu unterhalten.

Die zu Besuch kommenden jungen Männer
sind meist nur die des eigenen Dorfes. Aber
in der Zeit nach der Ernte, wenn es nicht all-
zuviel zu tun gibt und man auch mal einen
Tag wegbleiben kann, gehen die jungen Männer – eindrucksvoll geschmückt, mit Blumen
im Haar und schwarz lackierten Zähnen –
auch zu Besuch in die Nachbardörfer. Es
gehört sich, daß ihnen einer der Kollegen
dort zeigt, wo sie die Mädchen finden können. Macht man den Besuchern Schwierigkeiten, werden die sich bei einem Gegenbesuch
nicht freundlicher verhalten, und auch die
Mädchen werden sich dementsprechend
mürrisch zeigen. Die Dörfer sind so klein,
daß man sich selber schadet, wenn man das
Gegenseitigkeitsprinzip mißachtet. Dennoch
sind die Spannungen spürbar und solche
Besuche nicht sehr häufig. Wohl kann ein junger Mann hie und da einen Verwandten bei
einem Besuch im Nachbardorf begleiten

Unter jungen Leuten gel-
ten schwarzglänzende
Zähne als schön. Ein altes
Haumesser wird blank
geschliffen und ein bren-
nender Bambus auf die
gesäuberte Stelle
gedrückt. Nach dem
Abendessen wird der
Eisenruß mit dem Finger
auf die Zähne aufgetra-
gen, damit er dort über
Nacht einwirkt. Nach ein
bis zwei Wochen sind die
Zähne schwarzlackiert.
Um sie ständig tief-
schwarz zu halten, muß
der Auftrag alle paar
Tage erneuert werden,
sonst verschwindet der
Belag mit der Zeit wie-
der.

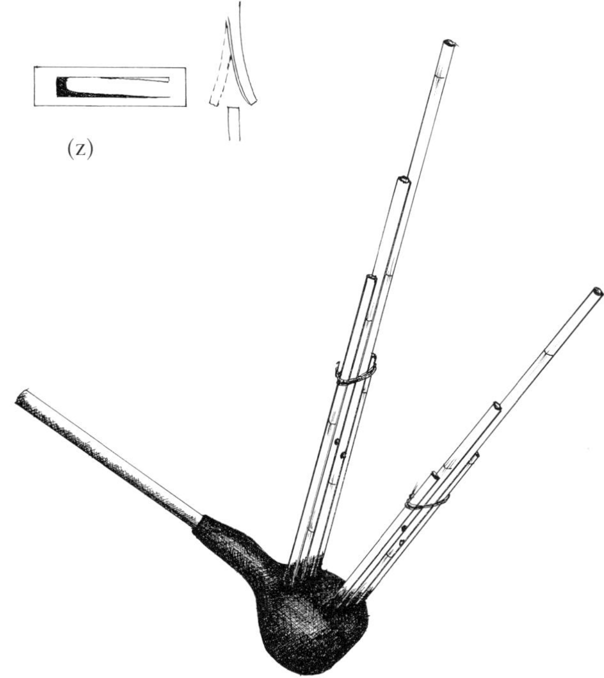

> Mundorgel. In die Wandung des Flaschenkürbis sind 8–10 Bambusrohre in zwei Reihen eingesetzt und mit der Kalebasse durch Erdwespenwachs verklebt. Der Kalebassenhals wird durch ein Anblasrohr verlängert. In den unteren Teil jeden Rohres, der in der als Windkammer dienenden Kalebasse steckt, ist eine Durchschlagzunge (z) eingesetzt. Zudem ist jedes Rohr mit einem Griffloch versehen. Die einzelnen Pfeifen tönen nur, wenn ihr Griffloch zugehalten wird. Je nach Anlaß werden verschiedene Arten von Mundorgeln verwendet. Von den Nachbarn der Mru benutzen nur noch die Khumi Mundorgeln, ähnliche Instrumente finden sich aber auch noch in Laos und auf Borneo.

> Bambuszither. Der Resonanzkörper mit Schalloch wird rechts und links von einem (durchbohrten) Wachstumsknoten begrenzt. Die Saiten bestehen aus vier Streifen der Außenhaut, die vom Körper durch untergeschobene Stäbchen abgehoben und gegen weiteres Ablösen an beiden Enden durch einen Ring gesichert werden. Länge etwa 50 cm.

oder auch allein dort etwas zu erledigen haben, aber er wird sich dann sehr genieren, dort allein eine ‹Spinnstube› zu besuchen, es sei denn, er sei dort bereits eingeführt, besuche also ‹alte Bekannte›. Mädchen haben es da eigentlich einfacher, doch sie kommen noch seltener in fremde Dörfer. Gelegenheit dazu, daß eine ganze Mädchengruppe zu Besuch in ein anderes Dorf geht, bieten allein die großen Feste, und in den meisten Dörfern gibt es ein großes Fest nur alle paar Jahre einmal. Doch zu je mehr Dörfern im Umkreis gute Beziehungen bestehen, desto größer werden die Chancen, jährlich an einem oder gar mehreren Festen teilnehmen zu können. Feste geben die Gelegenheit, viele andere junge Leute zu sehen und erste Kontakte zu knüpfen. Um einander besser kennenzulernen, bleibt dann wiederum nur die Spinnstube.

Hier haben die jungen Mädchen ihre Beschäftigung, der sie sich mit Aufmerksamkeit widmen können. Die Fähigkeiten, die die jungen Männer hier unter Beweis stellen können, sind ganz anderer Art. Die Tagesneuigkeiten sind bald erzählt, unerschöpflich bleiben jedoch die Möglichkeiten musikalischer Gestaltung. Einige Musikinstrumente, wie die Bambuszither, die zweisaitige Gambe und vor allem die achtrohrige Mundorgel dienen fast ausschließlich dieser Abendunterhaltung; wenn auch Mädchen ein Instrument spielen, dann die Bambusflöte. Alle diese Instrumente werden für gewöhnlich als Solo-Instrumente gespielt; für das Orchester zum Festtanz verwendet man eine andere Art von Mundorgeln. Wichtiger noch als das Instrumentenspiel ist für die Abendunterhaltung das Lied. Hier können die jungen Männer versuchen, unter Verwendung standardisierter Formen, die sich jedoch immer neu kombinieren und ergänzen lassen, ihren Gefühlen Ausdruck zu verleihen. Es gibt eine ganze Reihe Erzählungen in Liedform aus alten Zeiten, aber die wenigsten jungen Leute erlernen sie; worin sich jedoch jeder junge Mann übt, ist die Komposition immer neuer Liebes-

lieder. Nicht recht singen zu können ist für einen jungen Mann eine schwere Belastung seines Selbstbewußtseins. Ein guter Komponist und Sänger hingegen hat es leicht, sich bei den jungen Mädchen beliebt zu machen – nur, ihn zu heiraten, heißt eigentlich auch, ihn zum Verstummen zu bringen; denn diese Abendunterhaltungen, an denen ein Mann seinem

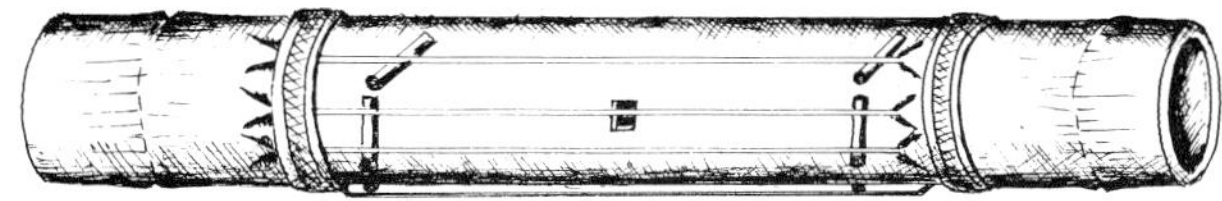

Liebeskummer Ausdruck verleihen kann, sind das Vorrecht der Unverheirateten.

Die Eltern des jungen Mädchens, dessen Freundinnen und Freunde sich zur Abendunterhaltung in ihrem *kim-tom* treffen, ziehen sich ins *kimma* zurück. Die Veranstaltungen können bis spät in die Nacht hinein dauern, und die Eltern mögen über die nächtliche Ruhestörung nicht immer erbaut sein, aber sie nehmen sie meist doch in Kauf, denn das Renommee ihres Hauses und ihrer Tochter steigt mit der Häufigkeit, in der die jungen Leute dort zusammenkommen. Überdies können die Eltern davon ausgehen, daß die jungen Leute sich durchaus gesittet betragen. Anstößige Reden und schamloses Verhalten sind verpönt. Außer einem Schluck Wasser für die trockene Kehle gibt es nichts zu trinken, als Stimulans mag ein Tabakpriem dienen, gelegentlich auch ein Stück Areca-Nuss, das noch besser schmeckt, wenn man es in ein Blatt des Betelpfeffers wickeln kann, auf das etwas gelöschter Kalk gestrichen wurde. Dem Austausch solcher Kleinigkeiten zwischen den Geschlechtern sind jedoch Grenzen gesetzt; nimmt ein junges Mädchen von einem jungen Mann ein Betel-Päckchen an, muß sie damit rechnen, daß er das als ein bereitwilliges Entgegenkommen betrachtet. Er mag da auch irgendeinen Zauber hineingepackt haben, der sie verliebt machen soll. Es gibt weniger riskante Methoden, seine Interessiertheit zu bekunden. Ein junger Mann mag einem Mädchen ein paar in ein Stück Papier gewickelte Farbkügelchen zuwerfen; steckt sie sie in ihren Haarknoten, signalisiert sie damit ihre entgegenkommende Annahme, oder er kann als solchen ‹Liebesbrief› auch nur ein Stückchen Stoff verwenden, das er sich von seinem Durchziehschurz abgerissen hat. Ein Mädchen kann stattdessen ihre Haarnadel benutzen, die sie wie beiläufig so neben dem jungen Mann liegen läßt, daß er sie einstecken kann. Die eben erwähnte Farbe (es handelt sich um Kaliumpermanganat, das auf dem Markt gekauft wird) ist ein unentbehrlicher Bestandteil der Schönheitspflege der jungen Leute. Beide Geschlechter färben sich damit die Lippen rot, und ein großer rotgrünlich schimmernder Fleck auf der Stirn gilt als schön. Mädchen können sich auch noch kleinere Flecke auf den Wangen anbringen, doch müssen die Flecke wohlplaziert und richtig dosiert sein, und da Spiegel selten sind und die Farbe, einmal aufgetragen, sich so schnell nicht wieder abwaschen läßt, ist es gut, jemanden zu haben, der einem hilft. Wenn der sich aber einen Spaß macht und einen häßlichen Fleck an einer unpassenden Stelle anbringt, darf man sich revanchieren, und die Bemalung mit Farbe, während der Abendunterhaltung vorgenommen, kann zu einer wahren Farbschlacht ausarten, die allerdings angesichts der Begrenzung des Materials bald ein Ende findet. Doch es gibt dabei Gelegenheit, auch Partner des anderen Geschlechts einmal mit den Fingern zu berühren — außer in Momenten solchen Allotrias gilt das als unerwünscht. Es widerspricht dem Anstand, Dritten zu zeigen, daß man einander zugetan ist.

Anders als die Bawm und Lushai wissen die Mru nichts davon, daß bei ihnen früher die jungen Männer des Dorfes ein eigenes Haus besaßen. In einigen Dörfern steht jedoch auf dem Dorfplatz ein Haus ohne Wände, das mit einem Marma-Wort als «Rasthaus» bezeichnet wird. Hier versammeln sich die Männer, um gemeinsame Angelegenheiten zu bereden oder auch, um im luftigen Schatten ihre Körbe zu flechten. Solche Häuser finden sich auch bei den Marma.

Nach dem abendlichen Zusammensein gehen die Mädchen nach Hause zum Schlafen. Die jungen Männer schlafen gelegentlich auch im eigenen Dorf im Hause eines Freundes. Häuser, in denen die Jungmannschaft eines Dorfes ihr eigenes Leben führt und in die man vielleicht auch mal ein Mädchen einladen könnte, gibt es bei den Mru nicht. Der Dschungel bietet auch kein lauschiges Plätzchen; so bleiben als Rendezvous-Plätze nur die Feldhäuser. Doch über Tag unbemerkt dahin zu gelangen, ist kaum möglich; zu Hause würde die Abwesenheit bald auffallen, und außerhalb des Dorfes fragt einen jeder woher und wohin. Also bleibt die Nacht; aber ohne Laterne ist das (wegen der Schlangen und anderer imaginärer Gefahren) ein gewagtes Unternehmen, das ein verliebter junger Mann zwar dennoch auf sich nehmen wird – aber das Mädchen wird sich so ohne weiteres darauf nicht einlassen. Und so bleibt dem jungen Mann nur noch der Versuch, nachts unbemerkt in das Haus des jungen Mädchens zu kommen. Wenn er sich da nicht genau auskennt, wird ihm das kaum gelingen. Er muß genau wissen, an welcher Stelle der Fußboden zu sehr knarrt, und an welcher Stelle er seine Freundin findet, damit er nicht eines ihrer Geschwister weckt.

Im Gegensatz zu den Männern, die die Schlafdecke als Unterlage benutzen, binden die Frauen sie zu einer Art den Boden berührenden Hängematte an den Seiten hoch; dennoch müssen sich die Liebenden sehr in acht nehmen, daß nicht irgend jemand nebenan etwas merkt, der dann sofort Alarm schlägt, so daß den Besucher nur noch die sofortige Flucht vor dem Erkanntwerden schützt. Zwar hat der Vater rechtlich keine Handhabe gegen den ungebetenen Liebhaber oder die Tochter, aber für den jungen Mann ist es blamabel, sich erwischen zu lassen und vielleicht sogar vom Vater und von den Brüdern des jungen Mädchens eine kräftige Tracht Prügel zu beziehen. Der Tochter viele Vorwürfe zu machen, sollte ein Vater sich lieber ersparen; erstens lacht man im Dorf über ihn, weil er sich ins Unvermeidbare nicht zu fügen versteht, und zweitens bringt er die Tochter damit nur dazu, sich jetzt ihrerseits nachts davonzustehlen, um sich, den Gefahren trotzend, mit ihrem Freund in einem Feldhaus zu treffen.

Es ist offenkundig, daß Anstandsregeln und Umstände es den jungen Leuten nicht gerade leicht machen, ungestört ein paar Stunden miteinander zu verbringen. Dennoch kann es sein, daß ein Mädchen vor ihrer Ehe schwanger wird. Dem vorehelichen Kind entstehen keine rechtlichen Nachteile, es wird vom späteren Ehemann seiner Mutter voll akzeptiert und in seine Sippe integriert. Schwangere junge Frauen heiraten jedoch lieber, ehe das Kind geboren ist und die Frage nach dem Erzeuger des Kindes gestellt wird. Und das hat seinen besonderen Grund: die voreheliche Liebe hält sich nicht immer an Sippenregeln, und ein Kind von einem Mann zur Welt bringen, den man nicht heiraten kann, offenbart das, was lieber verborgen bleiben sollte. Abtreibungen werden vorgenommen, sind aber ohne medizinische Vorkenntnisse gefährlich für das Leben oder zumindest für die weitere Gebärfähigkeit der Frau. Unfruchtbare Frauen müssen damit rechnen, zu ihren Eltern zurückgeschickt zu werden – wie umgekehrt schwangere Frauen damit rechnen können, geheiratet zu werden. Der Erzeuger eines vorehelichen Kindes hat, wenn er das Mädchen nicht heiratet, keine Rechte anzumelden, doch können seine Eskapaden seinen Vater etwas kosten: der Vater des Mädchens kann von ihm eine Entschädigung verlangen, weil für seine Tochter hinfort nur noch die kleine, aber nicht mehr die ehrenvolle große Hochzeitszeremonie abgehalten werden kann; und die Dorfleute können darauf bestehen, daß er ihnen ein Schwein opfert, damit die Ernte in den Feldern nicht verdirbt und der Reis in den Speichern nicht schwindet.

Ein Mädchen, das von einem Mann schwanger wird, der sie nicht heiraten will, reduziert damit zwar nicht seine Heiratschancen, aber vielleicht doch seine Wahlmöglichkeiten. Nur Mädchen mit schweren körperlichen oder geistigen Defekten finden keinen Mann, doch nicht jeder Mann findet eine Frau. Es gibt junge Männer, die wählerisch sein können, und andere, die sich freuen müssen, wenn sie endlich eine junge Frau finden, die bereit ist, mit ihnen die Ehe einzugehen. Ganz wesentlich hängt das vom Wohlstand ihres Vaters ab; die früher erwähnten Ermahnungen in den Liebesliedern, die Geliebte möge sich doch vom Reichtum nicht blenden lassen, haben ihren guten Grund. Nicht nur ist es weniger verlockend, sich in einem armen Haushalt abrackern zu müssen; die Frage ist auch, wieso die Leute so arm sind, wo doch jeder sein Feld bestellen kann. Wohl mag es unglückliche Umstände geben, aber sind sie wirklich nicht selbst verschuldet? Alles, was ein junger Mann aus armem Hause zum Gegenbeweis erbringen kann, ist, daß er unermüdlich und tüchtig arbeitet und zu wirtschaften versteht – aber das gilt auch sonst: es nützt einem jungen Mann wenig, der Sohn einer wohlhabenden Familie zu sein; wenn er ansonsten ein Tunichtgut ist, wird der bescheidene Reichtum bald dahin sein. Schwer haben es insbesondere Söhne, deren Mutter gestorben ist, deren Vater nicht mehr recht arbeiten kann, die nur Brüder zu versorgen haben, aber keine Schwestern, die ihnen dabei helfen. Hier wäre eine Frau dringend nötig; aber eben deshalb ist es für ein Mädchen wenig verlockend – viel schöner ist es, mit dem Mann allein einen neuen Hausstand gründen zu können. Älteren Brüdern, die für ihre jüngeren Geschwister zu sorgen haben und ihnen auch, an Vaters Statt, die Heirat finanzieren müssen, kann es passieren, daß sie eines Tages allein und alt, aber immer noch ohne Frau dastehen und nur noch hoffen können, irgendeine Witwe zu finden, die bereit ist, den Lebensabend mit ihnen zu verbringen.

Was die jungen Mädchen anbetrifft, so sollte ein junger Mann verständlicherweise darauf bedacht sein, eine tüchtige Frau zu heiraten,

und ‹tüchtig› heißt vor allem, daß sie kräftig ist und Arbeit nicht scheut. Der Reichtum ihrer Familie ist weniger wichtig, sofern nur ihr Ruf gut ist. Schließlich kommen weitere Kriterien ins Spiel, insbesondere ihre Schönheit. Für diese ist Hellhäutigkeit das wichtigste Kriterium. Sonstige Liebreize mögen vergänglich sein, aber helle Haut bleibt und vererbt sich, so hofft man, auch auf die Kinder. Nichts ist übler, als so schwarze Haut zu haben wie die Bengalen – die übrigens helle Hautfarbe nicht minder schätzen, denn wer hier hellere Haut hat, beansprucht zudem, von vornehmeren Vorfahren abzustammen. Die Mru erheben keine solchen Ansprüche, und selbst die Tochter eines Headman, dessen Urgroßvater noch Ruatsa war, muß, wenn ihre Hautfarbe zu dunkel geraten ist, damit rechnen, daß nicht jeder sie gern zur Frau nimmt. Helle Hautfarbe geht oft einher mit breitem Gesicht und kräftigem Körperbau (dunklere Typen sind schmaler und graziler), und da man kräftige Frauen ja auch im Hinblick auf ihre Arbeitsfähigkeit besonders schätzt, wundert es nicht, wenn in den Liebesliedern immer wieder die Schöne besungen wird, die der Morgenröte gleicht, mit einem Gesicht wie die Sonne, wie der Mond. Aber noch einmal: alle Schönheit nützt wenig, wenn sie nicht einhergeht mit moralischer Integrität, weshalb schöne Mädchen ihre Heirat nicht allzu lange hinauszögern können, wenn sie nicht Zweifel erwecken wollen. Allzu dunkelhäutigen Mädchen jedoch kann es passieren, daß sie fast 30 werden, ehe sie heiraten, sofern sie nicht bereit sind, auch einen Mann zu heiraten, der in weniger begehrenswerten Umständen lebt. Und die Auswahl ist nicht allzu groß, denn zu den durch die Sippenverhältnisse bedingten Beschränkungen kommt die räumliche Begrenzung; Heiraten innerhalb der gleichen kleinen Siedlung sind zwar selten, aber wenn man mehr als eine halbe Tagesreise entfernt wohnt, hat man kaum je Gelegenheit, sich kennenzulernen. Große Altersunterschiede zwischen den Partnern gelten nicht als erwünscht, aber 10 Jahre

werden toleriert. Auch, daß die Frau dabei älter ist als der Mann, wird durchaus akzeptiert, obwohl man hernach nicht gern davon spricht, da es meistens auf eine Situation hinweist, in der sowohl Mann als Frau froh sein mußten, einen Partner zu finden.

Während für die jungen Leute bei der Partnerwahl Zuneigung und Liebe eine große Rolle spielen, ist es an den Eltern, praktische Erwägungen in den Vordergrund zu stellen. Eltern und nahe Verwandte der jungen Leute machen sich Gedanken über geeignete Heiratspartner und fragen auch unverbindlich da und dort einmal nach. Dieses Vorfühlen ist insbesondere Sache der Väter; wie weit sie sich dabei der Zustimmung ihrer Kinder versichern, ist ihre Sache; letztlich bleibt es immer der Entscheidung der jungen Leute überlassen, ob sie trotz des Zuredens der Eltern keine Lust zum Heiraten haben oder trotz der Abneigung der Eltern auf einer Heirat bestehen. Falls es irgendwann zu einer Einigung kommt, ist es Aufgabe des Vaters (oder eines Sippenangehörigen des jungen Mannes) zum Vater des jungen Mädchens zu gehen und sicherzustellen, daß man auch da einverstanden ist. Diesem ersten offiziellen Besuch folgt dann bald ein zweiter in Begleitung von zwei oder drei anderen Haushaltsvorständen. Früher mußte zu diesem Anlaß ein Rind mitgenommen und geopfert werden, heute reichen fünf bis sieben Hühner, ein Eisenspeer, ein Eisenpfeil, ein Zeremonialmesser und drei Flaschen Schnaps. Der Brautvater seinerseits hat für diesen Anlaß ein Schwein zu schlachten und dafür zu sorgen, daß er seine Gäste auch mit Fisch bewirten kann.

Alle diese Gaben bestätigen das bestehende Sippenverhältnis. Genauso wie Frauen nur von den *tutma* an die *pen* gegeben werden können, können Hühner und Waffen nur von den *pen* an die *tutma* gegeben werden, und in die Gegenrichtung gehen dann wieder Fisch und Tücher – Schweine sind neutral, das heißt, von ihrem Fleisch können beide Part-

ner essen. Es ist das Vorrecht der *tutma*, von ihren *pen* mit Hühnern bewirtet zu werden, aber kein *pen* darf vom Fleisch der Hühner seiner *tutma* essen; das käme einer Umkehrung der Sippenverhältnisse gleich und müßte mit einer besonderen Zeremonie wieder korrigiert werden. Waffen und Hühner sind die ‹männlichen› Güter, die die Frauennehmer den Frauengebern zu liefern haben; Tücher und Fische sind ‹weibliche› Güter, die die Frauennehmer von den Frauengebern zurückerhalten. Die Tücher kommen während der Hochzeitszeremonie erst später ins Spiel, aber als Anzahlung auf die Hochzeitsgaben hat der Bräutigamsvater schon jetzt etwa ein Drittel des Preises mitzubringen. Nach der Übergabe der Geschenke und der Zahlung gelten die beiden jungen Leute, die hier nicht in Erscheinung zu treten brauchen, als verlobt. Sollte das junge Mädchen dann doch einen anderen Mann heiraten, hat der frühere Bräutigamsvater Anspruch auf die volle Rückerstattung aller bisherigen Gaben.

Tut sich hingegen der Bräutigam anderweitig um, behält der Brautvater alles. Sollte das versprochene Mädchen von einem anderen schwanger werden, erhält jetzt der Bräutigamsvater, statt des Brautvaters, die Entschädigungszahlungen dafür, daß jetzt statt des großen Hochzeitszeremoniells nur noch das kleine durchgeführt werden kann.

Da das große Zeremoniell beiden Vätern große Ausgaben abverlangt, kommen allerdings die meisten Väter sowieso überein, nur das kleine Zeremoniell durchzuführen. Sie können sich dabei sogar die Ausgaben für die Verlobung sparen, und schließlich kann die kleine Zeremonie auch durchgeführt werden, wenn der Brautvater eigentlich nicht einverstanden ist, aber die Aussicht besteht, daß er sich mit den vollendeten Tatsachen abfinden wird. Letztere Situation war früher der Anlaß für die kleine Zeremonie. Daß sie heute zur üblichen geworden ist, dürfte vorwiegend auf die allgemeine Verschlechterung der wirtschaftlichen Lage zurückzuführen sein, widerspiegelt vielleicht aber auch ein größeres Maß an Eigenmächtigkeit der jungen Leute.

Nötig ist zunächst einmal nur, daß sich der junge Mann mit seiner Braut abspricht, dann

<
Hühner sind teuer, aber als Gabe an die *tutma* (Frauengeber) unentbehrlich.

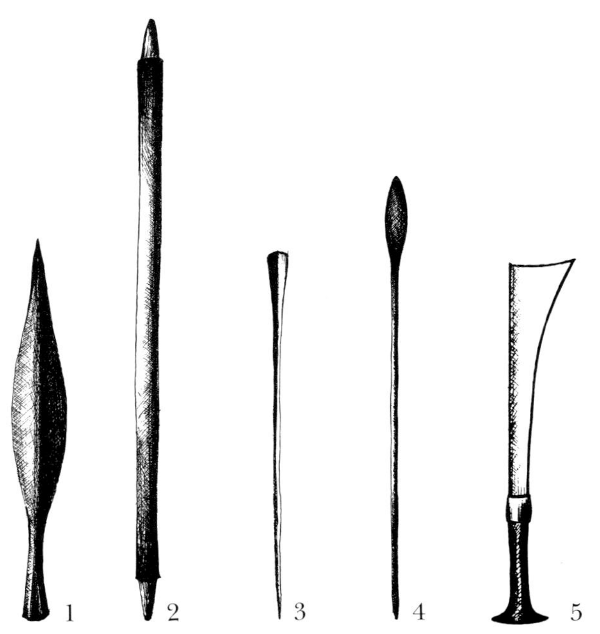

In die gleiche Gabenrichtung wie die Hühner gehen auch die Waffen: Speere (ganz aus Eisen oder, hier zerlegt, Spitze (1) und Ende (3) aus Eisen, Mittelstück (2) aus Holz), Eisenpfeile (4) und mit Metallgriff versehene Haumesser (5). Speer und Eisenpfeil braucht man auch für Rinderfeste.

Alte Silber-Rupie. Die beiden Seiten werden «Blume» (Zahl) und «Affe» (Kopf) genannt.

geht er, zum festgelegten Termin, mit einem Freund los und ‹entführt› das Mädchen, das ihrerseits zur Begleitung ein paar Freundinnen mitnimmt. Da der Vater des jungen Mannes Bescheid weiß, ist zu Hause schon alles vorbereitet. Noch am Morgen findet ein Schweineopfer statt, zu dessen Abschluß allen Familienangehörigen ein Faden um das rechte Handgelenk gebunden wird: auch die Schwiegertochter erhält einen Faden und ist damit offiziell aufgenommen. Wohl kann der erboste Vater des Mädchens, wenn er nicht wußte, was gespielt wurde, sich jetzt aufmachen und seine Tochter wieder heimholen; aber dann muß er damit rechnen, daß seine Tochter in Kürze wieder entführt wird. Da ist es schon besser, er macht gleich gute Miene zu bösem Spiel und kommt mit dem Vater des jungen Mannes überein, wann die Übergabezeremonie der Güter stattfinden soll. Bis dahin kann er seine Tochter wieder mitnehmen oder sie auch bei ihrem Mann lassen. Das Problem stellt sich besonders, wenn die Entführung während der Regenzeit stattfindet, in der jede Arbeitskraft für das Jäten gebraucht wird. Besser ist es deshalb, mit der Entführung bis nach der Ernte zu warten, wenn die Speicher voll sind.

Zur Übergabezeremonie, die ein paar Wochen später folgt, kommt der Brautvater mit Leuten seiner Sippe und seiner *tutma* zum Haus des Vaters des jungen Mannes. Er bringt ein großes bereits zerlegtes Schwein mit; der Vater des jungen Mannes hat unter anderem zwei Bierkrüge bereitzuhalten und Hühner zu schlachten. Am nächsten Morgen findet die Übergabe des Brautpfandes statt. Am Nachmittag verteilt der Brautvater Speere, die er als *tutma* vom Vater des Bräutigams und dessen Sippenangehörigen erhielt, an seine eigenen *tutma*. Das Bier für diese Zeremonien hat der Bräutigamsvater zu stellen. Die Verteilung ist keine leichte Sache, denn jeder lehnt die angebotenen Sachen wiederholt ab, entweder ist ihm der Speer nicht groß genug oder der Preis zu hoch. Die Ansprüche müssen deshalb ausgehandelt

werden, weil der Brautvater später von den Empfängern im gleichen Wert Tücher zurückerhält, die er bei einem Besuch beim Vater des Bräutigams wiederum an dessen Sippenangehörige, aus deren Besitz die jetzt verhandelten Speere stammen, austeilen läßt. Am Ende haben also Speere und Tücher in drei Sippen den Besitzer gewechselt; der Kreislauf ist jedoch noch nicht geschlossen, denn jeder der jetzigen Partner hat ja wieder seine *pen* und *tutma,* an die er die Güter bei Gelegenheit anderer Zeremonien weitergibt. Ein Geschäft kann man dabei nicht machen; jeder erhält über kurz oder lang den Wert (in Tüchern oder Speeren) zurück, den er ausgibt. Aber: je mehr Zeremonialgüter einer besitzt, an desto mehr Tauschaktionen kann er teilnehmen, desto mehr kann er neue Verpflichtungen eingehen und wieder einlösen und damit zugleich in symbolischer Form die bestehenden Sippenbeziehungen bestätigen. Daß Heiraten dazu besonderen Anlaß geben, versteht sich; aber es wird damit auch klar, daß kein noch so kleines Hochzeitsfest eine rein persönliche Angelegenheit der beiden jungen Leute ist, sondern jeweils mehrere Sippen verpflichtet.

Beim großen Hochzeitszeremoniell kommen auch noch die Frauennehmer der Bräutigamssippe mit ins Spiel: sie begleiten den Vater des Bräutigams und seine Leute, um die Braut in ihrem Dorf abzuholen. Wiederum werden Hühner und Zeremonialwaffen für den Brautvater mitgenommen, und dieser muß genug Schweinefleisch und Fisch bereitstellen, um die Schar der Gäste während fünf Mahlzeiten zu verköstigen. Die Sippe des Brautvaters und dessen *tutma,* die ebenfalls anwesend sind, dürfen von diesen Speisen nicht essen; sie erhalten stattdessen die Hühner, die die Besucher mitgebracht haben. Bereits am ersten Abend überreicht der Brautvater den Leuten des künftigen Schwiegersohnes die Tücher, das heißt, er lädt die Männer ein, an einem der aufgestellten Bierkrüge Platz zu nehmen und sich eine lange weiße Stoffbahn um den Kopf legen zu lassen; Frauen erhalten stattdessen ein Umhangtuch. Die Besucher können den Brautvater in Unannehmlichkeiten bringen, indem sie immer mehr Tücher verlangen und damit ihren Reichtum demonstrieren, denn irgendwann müssen sie dafür Speere zurückgeben. Andererseits gehört es zum Fest, daß auch ihnen Ungemach bereitet wird: nicht nur wird ihnen das Essen des nächsten Tages übermäßig gewürzt, auch schüttet man Pfefferschoten kiloweise ins Feuer, um dann die Türe hinter den Gästen zu schließen, die tränenden Auges und kratzenden Halses ausharren müssen, bis man sie wieder ins Freie läßt.

Und alsbald beginnen die Vorbereitungen für ein weiteres Spektakel, das den Hauptspaß des ganzen Festes darstellt. Ein möglichst großes Schwein wird getötet, ausgenommen und gesäubert, dann mit seinem Blut und roter Farbe eingeschmiert und mit kleinen Quastenpfeilen aus Bambus gespickt. In seinen Bauch füllt man nicht nur Kürbisse und Ingwerknollen, sondern auch große Steine: es soll möglichst schwer sein. Die Beine werden zusammengebunden und an eine Bambusstange gehängt, die so kurz wie möglich gehalten wird. Ihre Enden werden mit Schweinefett, Ruß und Pfeffer eingeschmiert, und obenauf kommt noch ein Aufbau mit weiteren Quastenstäbchen. Schließlich wird das so präparierte Schwein mit vereinter Kraft auf das oberste Geländer der Hausplattform *(tsar)* gehängt. Eigentlich sollten sogar zwei solche Schweine bereitet werden, um eines vor und eines hinter der Braut zu tragen; freundlicherweise zerlegt man das zweite Schwein jedoch in angenehmer tragbare Portionen. Zudem werden noch zwei spezielle sechspfeifige Mundorgeln hergestellt, die vom Augenblick an, da die Braut ihr Elternhaus verläßt, bis zu ihrem Eintreffen im Haus des Bräutigams gespielt werden, und zwar von jungen Männern ihrer eigenen Sippe. Das speziell präparierte Schwein hingegen müssen zwei oder vier junge Männer aus der Sippe des Bräutigams tragen. Vom

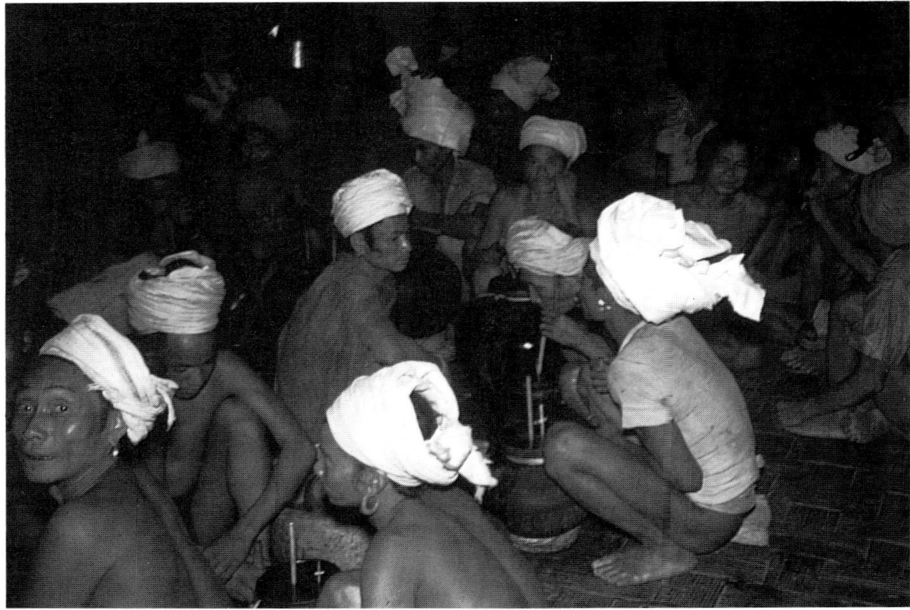

Moment an, da sie es von seinem Platz herabgehievt haben, darf es bis zum Dorfausgang den Boden nicht mehr berühren, und keine der kleinen Quasten darf herunterfallen: geschieht es doch, kostet das den Brautvater jedesmal eine Rupie. (Ehemals war dies eine Silbermünze, 10 indische Rupien entsprachen einem englischen Pound Sterling (1 £) und Lewin schätzte 1869 den Wert der jährlichen Reisernte einer Familie auf 30 Rupien; inzwischen hat die Inflation den Wert der Rupie beträchtlich gemindert; eine bengalische Rupie, Taka genannt, entspricht zwar nicht dem Wechselkurs, aber dem bengalischen Lebensstandard nach, etwa einer DM). Ehe die Träger die Plattform verlassen können, werden sie erst einmal bewirtet, nämlich mit einem Wasserglas voll Schnaps. Wer ihnen die Gläser reicht, nimmt selbst einen Mundvoll, dazu Ingwer und, wenn er es ganz übel meint, Tabaksaft und spuckt den Trägern die beißende Mischung ins Gesicht. Dann erhalten sie vom Brautvater, als einzige Belohnung für ihre Mühe, noch einen Turban umgebunden, müssen dazu aber am auf der Erde stehenden Bierkrug trinken, während sie ihre Zentnerlast an den fettigen, rußigen und gepfefferten Stummelenden

Die *pen* (Frauennehmer) haben sich im Haus des Brautvaters (man sieht ihn rechts hinten) beim Bier versammelt und sind von ihm mit neuen, strahlend weißen Turbanen beschenkt worden.

184

Der Bauch des Mitgift-schweins wurde mit Kür-bissen und Steinen gefüllt und seine Haut mit Blut eingeschmiert. Die jungen Männer der *pen* müssen es an seiner besonders kurzen Trag-stange, deren Enden mit Fett, Ruß und Pfeffer gesalbt wurden, bis zum Dorfausgang tragen, ohne daß eine der Qua-sten herabfällt.

der Tragstange hochstemmen, damit das Schwein nicht den Boden berührt. Inzwi-schen wird die Braut geholt. Hat sie in einem eigenen abgetrennten Raum im *kim-tom* gewohnt, wird dieser gegen den Widerstand ihrer Leute von denen des Bräutigams erbro-chen. Sobald sie sich aber zum Gehen anschickt, verpaßt ihr Bruder ihr vor Kum-mer und Ärger einen Schlag, so daß sie noch mehr heult als bisher schon. Dann geht es, hinter dem Schwein her, die Treppe hinab und dem Dorfausgang zu: doch das hat Weile, denn die Dorfleute sperren den Weg ab und weichen nur langsam zurück. Unter-dessen wird weiter getrunken, und besonders die Schweineträger werden bedacht. Erst nachdem sich die ‹Entführer› der Braut den Weg bis zum Dorfende freigekämpft haben – und wenn das Dorf lang ist, kann das bis zum Abend dauern –, wird die Absperrung gelöst, das Schwein kann abgesetzt und umgeladen werden, und dann geht es im Eiltempo nach Haus; jeder kann mitkommen, *tai-nau* und *pen* sind besonders eingeladen.

Neben dem Vater der Braut und seinen Leu-ten kommen auch dessen *tutma* mit, insbeson-dere der Mutterbruder und die Mutter der Braut. Der Mutterbruder erhält zumindest 5

Rupien und einen Speer, die Mutter 10 Rupien, ein Huhn und ein Haumesser. Die 10 Rupien werden ‹Milch-Rind› genannt, stehen also eigentlich für ein Rind, das die Mutter zum Dank für das Säugen der Tochter bekommt. Es folgen Gaben an die *tai-nau* des Brautvaters, das heißt an seine leiblichen Brüder, seine Sippenbrüder und je einen Ver-treter seiner Brudersippen; als *tutma* der Bräutigamssippe erhalten sie je einen Krug Bier und einen Speer, abgesehen davon, daß sie als Gäste mit weiteren Hühnern beköstigt werden. Eines dieser Hühner wird am Mor-gen des zweiten Tages, zusammen mit einem Speer, einem Haumesser und einem Zeremo-nialschwert, neben einen speziellen Bierkrug gelegt, der Brautvater setzt sich dahinter und erhält vom Vater des Bräutigams 100 Silber-Rupien, die das eigentliche, von allen persön-lichen Qualitäten unabhängige Brautpfand darstellen. Wer keine Silbermünzen mehr besitzt, muß ihren Gegenwert in derzeitiger Währung bezahlen. Als kleine Gegengabe erhält der Vater des Bräutigams zwei Tücher zu je 40 Ellen.

Nach dem Essen hat sich die Braut hinter den Bierkrug zu setzen, an dem ihr Vater das Brautpfand empfing, ihr gegenüber an einem anderen Krug sitzt der Bräutigam, der jetzt zum ersten Mal offiziell vor dem Braut-vater erscheinen muß, und dann hält der Brautvater (und nur er) eine Rede, in der er sich erst an seine Tochter und dann an den Schwiegersohn wendet und sie ermahnt, gute und einander treue Eheleute zu werden. Dann folgt, vom Vater des Bräutigams ange-führt, die Zeremonie, durch die die junge Frau in die Familie aufgenommen und durch den Faden um das Handgelenk mit ihr ver-bunden wird. Falls die junge Frau will, kann sie anschließend mit ihren Eltern noch ein-mal für ein paar Tage nach Hause gehen. Sie wird dann von ihrem Mann (falls er sie nicht überhaupt begleitet) ohne weitere Zeremo-nie wieder abgeholt; ebenfalls ohne Zeremo-nie werden ein oder zwei Monate nach der Heirat die Besitztümer der jungen Frau ins

185

Haus ihres Mannes geholt; zuvor nimmt sie nur das Nötigste mit. Diese Besitztümer (Decken, Röcke, Schmuck und je nach Absprache auch Waffen und Gongs) erhält die Tochter jedoch nicht als Mitgift, sondern sie müssen vom Vater ihres Mannes bezahlt werden; sie werden dementsprechend auch das Eigentum seiner Familie. Bei einer Scheidung kann die Frau diese Sachen nur wieder mitnehmen, soweit sie noch nicht bezahlt sind (man läßt sich damit gern etwas Zeit) oder wenn sie wieder zurückgekauft werden (was sich vor allem für Röcke und Tücher empfiehlt, da sie keine Handelsware sind, sondern zu einem konventionellen Preis transferiert werden, der weit unter den heutigen Kosten für Material und Arbeit liegt).

Anders ist es mit dem Brautpfand, den 100 Silber-Rupien. Entscheidend für seinen Verbleib ist, wer den Bruch der Ehe vollzieht. Trennen sich beide Partner im gegenseitigen Einverständnis, erhält der Mann das Brautpfand (einschließlich der Gaben an die Mutter und den Mutterbruder der Frau) zurück; desgleichen wenn sie ihn verläßt, nur muß ihr Vater ihm noch zusätzlich 30 Rupien Trennungsgeld zahlen. Schickt der Mann hingegen seine Frau weg, verliert er jeden Anspruch auf das Brautpfand und muß zudem ein Trennungsgeld von 40 Rupien zahlen. Diese Rückzahlungsforderungen können, falls die Familie der Frau zahlungsunfähig ist, sie aber wieder heiratet, auf ihren neuen Mann übertragen werden, so daß er das Brautpfand nicht an ihren Vater, sondern an ihren geschiedenen Mann zu zahlen hat. Die Lösung der Schuldfrage allein auf Grund der Feststellung, wer wen wegschickt oder verläßt, hat ihre Rückwirkungen auf das Eheleben: kommt zum Beispiel eine Frau ihren Arbeiten nicht nach, würde sich der Mann ins Unrecht setzen und das Brautpfand verspielen, wollte er sie fortschicken; aber auch eine Frau, deren Mann wenig Lust zum Arbeiten hat, kann ihn nicht einfach verlassen, ohne ihrem Vater zusätzliche Kosten zu verursachen: die beiden müssen vielmehr versuchen, ihren Partner zur Raison zu bringen – oder der Vater der Frau muß halt dafür bezahlen, daß er seine Tochter nicht vor der Heirat mit einem solchen Mann bewahrt hat; aber das wird er nur, wenn sie nicht gegen seinen Willen geheiratet hat. Hier spätestens zeigt sich, daß auch ein Mädchen besser daran tut, ihren Vater nicht zu brüskieren.

Das Schicksal der Ehe ist also von beiden Partnern abhängig, und beide sind auch, gemäß der traditionellen Arbeitsteilung, voneinander abhängig. Wohl können Männer und Frauen als Junggesellen und Witwen notfalls auch ohne Partner leben, können auch Männer das tägliche Wasser holen, Reis stampfen und kochen, können auch Frauen allein Felder schlagen, abbrennen, aufräumen, einsäen und ernten (in kleinerem Umfang tun das gelegentlich junge Mädchen; sie verarbeiten den Ertrag zu Schnaps und verkaufen ihn; dafür kaufen sie sich Schmuck, der dann wirklich ihnen gehört), aber für ideal hält das niemand: ohne die Hilfe der Nachbarn und Verwandten können Krankheiten den einzelnen in eine verzweifelte Lage bringen (wer sorgt in der Zwischenzeit für das Feld, wer bereitet das Essen?); und wer wird einem helfen, wenn im Alter die Kräfte nachlassen und keine Kinder da sind, für einen zu sorgen? Dann wäre es schon besser, bald zu sterben, bliebe nicht die Hoffnung, doch noch jemanden zu finden, der, auch wenn er Kinder hat, dennoch dankbar wäre, auch noch einen Partner zu haben, mit dem er die alltäglichen Arbeiten teilen könnte. Einzelne Erwachsene sind unvollkommene Wesen, die, den Regeln gemäß, auch keine Feste abhalten können (selbst wenn sie, was kaum je der Fall sein dürfte, die Mittel dazu hätten), und ein junger Mann mit eigener Familie wird im Kreis der Haushaltsvorstände mehr mitzureden haben, als ein alleinstehender alter; gesellschaftlich gesehen ist der junge einer der Alten, der alte hingegen immer noch einer der Jungen.

Familienvater sein heißt dementsprechend aber auch, verantwortungsbereit sein, nicht nur in der Erfüllung der häuslichen Aufgaben, sondern auch der des gegenseitigen Austausches mit den Nachbarn. Während der Feldbauperiode merkt jeder in den Arbeitsgruppen auf Gegenseitigkeit bald, wie es um die Fähigkeiten und die Einstellung der anderen, Frau oder Mann, steht. Nach ihrer Heirat kommt die Frau (sofern sie nicht in ihrem eigenen Dorf heiratet) in ein neues Dorf, wo sie zwar mit allen bereits in einem auf Grund der Sippenordnung festgelegten Verwandtschaftsverhältnis steht, aber zu den meisten Leuten noch keine persönlichen Beziehungen hat. Auf Grund der Sippenordnung steht ihre Schwiegermutter zu ihr in der Beziehung einer Vatersschwester, sie ist keine Person, der sie zu dienen oder auch nur sich unterzuordnen hätte. Zwar wohnt sie zunächst mit ihrem Mann noch im Haus seiner Eltern, aber nur bis ein neues Haus gebaut ist und das junge Paar sich selbständig macht. Nur wenn der jüngste Sohn heiratet, kann es sein, daß kein neues Haus gebaut wird: aber dann wird der junge Mann Haushaltsvorstand und zieht mit seiner Frau in das *kimma* seiner Eltern, die ihrerseits ins *kim-tom* ziehen. Hausherrin ist die Frau im *kimma*, in diesem Fall also die Schwiegertochter und nicht ihre Schwiegermutter.

Das Wort ‹Hausherrin› wird allerdings den Mru-Verhältnissen nicht gerecht: zwischen den Erwachsenen gibt es keine Unterordnung, weder zwischen Eltern und Kindern noch zwischen Mann und Frau, sondern nur Partnerschaft. Jeder kennt seine Aufgaben und weiß, was er zu tun hat. Da braucht niemand Anweisungen zu geben, gegenseitige Absprache genügt. Wir sahen bereits, daß Eltern ihre Kinder nicht zu einer bestimmten Heirat zwingen können (die einzuhaltenden Verbote sind ihrer Willkür entzogen); das einzige Mittel, ihrem Wunsch Nachdruck zu verleihen, ist die Drohung, die Gegenseitigkeit aufzukündigen. Wer anderen nicht entgegenkommt, braucht nicht damit zu rechnen, daß man ihm entgegenkommt. Die meisten Mru lernen diese Lektion bereits als Kinder oder junge Erwachsene. Falls die Eltern es nicht so genau nehmen und es den Kindern durchgehen lassen, wenn sie sich von der Arbeit drücken, erweisen sie ihnen letztlich keinen guten Dienst. Denn in der Ehe wirkt sich das nicht nur auf das gemeinsame Fortkommen, sondern auch auf die Kooperationsbereitschaft der Nachbarn aus. Nur kann eben weder ein arbeitsamer Mann seine faule Frau fortschikken, noch eine fleißige Frau ihrem arbeitsscheuen Mann weglaufen, ohne als der schuldige Partner dazustehen. Das beste Mittel gegen solche Enttäuschungen ist, vor der Heirat genau zu prüfen, welchen Ruf der oder die in Aussicht Genommene in seinem Dorf hat. Wer dem nicht glaubt und sich darauf verläßt, daß die Liebe einen Gesinnungswandel bringt, hat dann, um den von den Eltern verwöhnten Partner zu entwöhnen, wiederum nur die Möglichkeit, in Übereinstimmung mit den Nachbarn, die Kooperation aufzukündigen. Hält der Partner das nicht aus, muß er sich entweder bessern oder seine Unwilligkeit offenbar machen, indem er den anderen nach Haus schickt beziehungsweise verläßt.

Doch den Mann kommt, wegen des Verlustes des Brautpfandes, der Schuldspruch teurer als die Frau, und diese hat zudem die besseren Möglichkeiten, ihren Mann zum Einlenken zu zwingen, nämlich, indem sie immer wieder für ein paar Tage nach Hause geht, bis es ihrem Mann zuviel wird. Daß sie das auch kann, wenn eigentlich sie es ist, die keine Lust hat, ihren Pflichten nachzukommen, ist ein Vorteil, den der Mann der Frau einräumen muß, sofern ihre Eltern mitspielen; aber eben deshalb ist dieses Vorgehen zweischneidig, weil der Ruf einer Frau darunter leiden kann. Grobe Streitereien, die wegen der Durchlässigkeit der Hauswände vom ganzen Dorf mitgehört werden können, sind ebenso verpönt wie physische Gewaltanwendungen, deren Ausgang zudem unsicher wäre, da das tägliche Reisstampfen und Wasserschleppen dafür sorgt, daß die Muskelkraft auch der Frauen beachtlich ist. Männer mögen in betrunkenem Zustand schon einmal aneinandergeraten; aber ich habe nie einen betrunkenen Mann gesehen, der eine Frau belästigt hätte. Mru-Männer sind keine Kavaliere; sie überlassen Frauen bedenkenlos mühsame Arbeiten; aber sie sind auch keine Haustyrannen oder Patriarchen, dazu fehlt ihnen jede Handhabe. Mru-Männer sind die Haushaltsvorstände (falls der Mann stirbt, kann auch die Frau diese Aufgabe übernehmen), aber das heißt hier nicht, daß sie befehlen, sondern daß sie die Riten durchführen und im Zusammenwirken mit anderen die Regeln aufrechterhalten, die das Fortbestehen der Ordnung garantieren.

Diese Gleichstellung der Geschlechter im privaten Bereich im Kontrast zur Verantwortlichkeit der Männer im rechtlich-religiösen Bereich zeigt sich deutlich in Fällen von Ehebrüchen. Während der voreheliche Geschlechtsverkehr gesellschaftlich toleriert wird, wird außerehelicher Verkehr mißbilligt. Auch als eine Demonstration von Unzufriedenheit mit dem Partner kann Ehebruch nicht eingesetzt werden: als Scheidungsgrund wird er nicht anerkannt, weder von seiten des Mannes noch von seiten der Frau. Die Frau mag über ihren Mann erbost sein, oder er über sie, und je nach Temperament mag das verschieden ausfallen, aber außer diesem häuslichen Ärger und der Schädigung seines Ansehens unter den Nachbarn hat der fehlbare Ehepartner nichts zu gewärtigen – allerdings nur solange es sich um eine Frau handelt. Im Falle eines Mannes gilt das nur, wenn er sich mit einem unverheirateten Mädchen einläßt. Zur Rechenschaft gezogen wird der Mann, der in die Ehe eines anderen einbricht (das Verhalten der Frau spielt dabei keine Rolle). Er hat dem betrogenen Ehemann eine Summe von etwa einem Drittel des Brautpfandes zu zahlen und zusätzlich in seinem Haus zwei Schweine zu opfern, um die erzürnten Geister des Hauses und des Dorfes zu besänftigen und sich zu verpflichten, daß solche Übertretungen nicht mehr vorkommen, und damit die normalen Beziehungen wieder herzustellen.

Bezüglich der Stellung außerehelich gezeugter Kinder gilt auch hier, daß sie der Sippe ihres Vaters angehören, gleich wer der Erzeuger ist. Von dieser Regel gibt es nur in ganz spezifisch gelagerten Fällen eine Ausnahme: bringt nämlich eine Frau bereits ein Kind mit in die Ehe, kann es im Falle einer Scheidung sein, daß es lieber mit der Mutter geht. Wohl behält es die Sippenzugehörigkeit seines früheren Stiefvaters, aber nur bis die Mutter wieder heiratet: jetzt hat es die Wahl, wiederum mit der Mutter zu gehen, wodurch es die Sippenzugehörigkeit des neuen Stiefvaters erhält, oder bei den Eltern der Mutter zu bleiben, in welchem Fall es die Sippenangehörigkeit des Vaters der Mutter erhält. Dieser Wechsel ist erst dann nicht mehr möglich, wenn das Kind selbst heiratet. Wenn in der Ehe geborene Kinder mit der Mutter gehen, hat der Vater (oder Bruder) dieser Frau ihrem geschiedenen Mann ein Pfand zu hinterlegen, das (zusammen mit einer Entschädigung für Ernährung und Kleidung des Kindes) erstattet wird, sobald das Kind in die Familie des Vaters zurückkehrt. Kehrt es nicht zurück, wird auch nichts zurückgezahlt; die Sippenzugehörigkeit des Kindes bleibt aber immer die seines Vaters. Dieses Beispiel zeigt insofern eine klare Benachteiligung der Frau, als sie ihre Sippenzugehörigkeit ihrem Kind nicht weitergeben kann, ein Faktum, das dadurch verstärkt wird, daß der Vater die Rückgabe des Kindes verlangen kann. Gleichgestellt sind die Eltern erst dort wieder, wo sich das Kind selbst entscheiden kann, bei wem es wohnen möchte.

Von Natur aus unterschiedliche Rollen fallen den Eltern bei der Geburt zu. Die werdende Mutter kommt soweit wie möglich ihren alltäglichen Aufgaben nach, bleibt jedoch in den letzten Monaten und Wochen vorwiegend im Dorf oder Haus. Mit drei oder vier erfahrenen Frauen der Nachbarschaft werden Absprachen getroffen, und sobald die Wehen einsetzen, werden diese Frauen informiert. Die Mutter gebiert im hintersten Teil des *kimma* in hockender Stellung; der Vater kann anwesend sein und in schweren Fällen zu helfen versuchen; meist hält er sich in der Nähe, im *kim-tom* auf. Zuvor schon hat er aus einem eigens für diesen Zweck im *kimma* eingebauten, zum First reichenden Bambus mit dem Haumesser ein Stück mit scharfen Seiten herausgeschnitten; mit ihm wird die Nabelschnur durchtrennt. Die Nachgeburt wird in einen kleinen Tragkorb gelegt, den der Vater weit vom Haus entfernt auf einen Baum zu hängen hat. Das Kind erhält sein erstes Lager auf einer Decke oder einem Bananenblatt; für die Mutter wird auf der Herdstelle im *kimma* ein heißes Feuer entfacht und ständig unterhalten. Während fünf bis sechs Tagen und Nächten muß sie jetzt mit dem Rücken nahe am Feuer sitzen, damit ihr Körper austrocknet. Zum Schlafen darf sie nur den Kopf in die Hände stützen; zur Erleichterung wird sie von Zeit zu Zeit mit warmem Wasser gewaschen. Ohne diese Behandlung, meinen die Mru, würde ihr das Blut in den Kopf steigen und sie wahnsinnig machen. Als Nahrung erhält sie nur Reis und warmes Wasser, kein Salz, keine Gewürze, kein Gemüse usw. Erst nach neun Tagen darf sie das *kimma* wieder verlassen, bis dahin darf im Haus auch kein Opfer stattfinden.

Aber nicht nur im Haus, sondern im ganzen Dorf gibt es Beschränkungen. Am Tag nach einer Geburt ruht die Feldarbeit; der Reis würde sonst verderben. (Das Arbeitsverbot wird mit dem Geburtsblut in Verbindung gebracht, das übrigens genau so genannt wird, wie das Menstruationsblut. Nur: die monatlichen Blutungen sind für niemanden mit Gefahren und Auflagen verbunden und auch nichts, dessen sich die Menstruierende zu schämen hätte.) Noch ein Ruhetag folgt, wenn der Rest der Nabelschnur abfällt. Stirbt das Kind während oder nach der Geburt, sind damit, wie auch mit Todgeburten, keine übernatürlichen Gefahren verbunden – sehr übel ist es jedoch, wenn die Mutter bei der Geburt stirbt. Sämtliche Angehörigen der Sippe müssen dann die Wöchnerinnendiät einhalten, bis die Tote bestattet ist. Fremde dürfen nicht ins Haus und nicht ins Dorf: der Tod einer Wöchnerin gilt als ‹schlimmer Tod›, ihr Geist wird den Überlebenden zur Gefahr. Zwillinge sind unerwünscht: es besteht die Gefahr, daß, wenn nicht Vater oder Mutter, so doch eines der Kinder stirbt; und das ist dann auch meistens der Fall. Die Überzeugung ist so stark, daß es als aussichtslos gilt, eines der Kinder zu retten, wenn es erkrankt. Auch nicht lebensfähig sind, nach Ansicht der Mru, Kinder aus verbotenen Ehen, insbesondere Verbindungen zweier Leute, deren Sippen zueinander im Geschwisterverhältnis stehen. Auch dieses Wissen bewahrheitet sich, selbst wenn die trotz des Verbotes zusammenlebenden Eltern sich dagegen wehren. Niemand wird ihnen helfen, wenn die Geister sie strafen.

Aber nicht nur in diesen Fällen ist es, wie gesagt, für die Mru nichts Außergewöhnliches, wenn Neugeborene oder kleine Kinder sterben. Es fängt bereits damit an, daß man nicht weiß, was tun, wenn Kinder nach der Geburt nicht zu atmen beginnen. Frühgestorbene werden, wenn man später nach der Kinderzahl fragt, weggelassen. Die wenigen Familien, von denen ich genaue Angaben habe, lassen jedoch den Schluß zu, daß die Sterblichkeit der Neugeborenen nicht über 10 Prozent liegt – in den meisten Familien starb kein einziges Kind – und das ist, angesichts der Tatsache, daß den Mru keine modernen Medizinen und keine medizinischen Kenntnisse zur Verfügung stehen, doch wohl ein Beweis für die relativ gute Qualität ihrer sanitären Verhältnisse. Doch stirbt etwa jedes dritte Kind, ehe es das 18. Lebensjahr erreicht.

Am Morgen nach der Geburt tötet der Vater ein ganz kleines Küken, rupft und säubert es und kocht es in einem Bambusköcher. Entgegen dem sonst Üblichen, wird von dem Küken nichts gegessen, vielmehr waschen sich die Geburtshelferinnen mit der Brühe und Blättern, wie sie auch in das Körbchen mit der Nachgeburt gelegt wurden, die Hände. Ohne das würden sie hinfort keine ordentliche Arbeit mehr tun können. Dann schneidet der Vater eine Gelbwurzknolle in zwei Teile, nennt einen Namen und wirft die beiden Hälften: fallen sie beide mit der Schnittfläche nach oben oder unten, gilt der Name als verworfen, fallen sie auf ungleiche Seiten, wird der Name gewählt. Beide Eltern können Namenswünsche äußern, werden sie verworfen, reicht es vielleicht, nur eine Silbe zu ändern, um Zustimmung zu erhalten. Statt der Gelbwurzhälften können auch die Schalen zweier Kauri-Schnecken für das Omen verwendet werden. (Diese als ‹Kaurimuscheln› bekannten Schalen werden vom Markt gekauft; früher fanden sie als kleinste Geldeinheit Verwendung, heute benutzt man sie, außer zur Namensgebung, nur noch zusammen mit roten Perlen für die Armbänder kleiner Kinder.) Das Omen gibt jedoch keine Garantie, daß der gewählte Name auch der richtige ist: erkrankt das Kind, weint viel und will nicht essen, bittet man eine Frau um Hilfe, die es versteht, den richtigen Namen

durch das Ausschlagen eines für das Karden der Baumwolle benutzten Bogens festzustellen. Im übrigen kann der einmal gegebene Name später nicht willkürlich geändert werden; viele Kinder erhalten jedoch bald einen (nicht immer erfreulichen) Spitznamen, der ihren eigentlichen Namen verdrängt. Aber auch Erwachsenen kann es noch passieren, daß sie mit einem neuen Namen gerufen werden, sei es, daß der bisherige Spitzname nicht mehr passend wirkt, sei es, daß jetzt erst Ähnlichkeiten mit Vorfahren offenbar werden, die zu einer Identifikation führen. Sollten körperliche Merkmale bereits bei der Geburt den Gedanken nahelegen, daß in dem Kind ein Vorfahre wiedergeboren wurde, erhält das Kind alsbald den Namen, sofern nur das Omen die Annahme bestätigt.

Das Kind wird bis zur erneuten Schwangerschaft von der Mutter gesäugt, erhält jedoch schon nach dem ersten Monat Zusatznahrung in Form von Reis, den die Mutter vorgekaut hat und dem Kind von Mund zu Mund verab-

Auch Insekten geben ein Spielzeug ab.

reicht. Später wird ihm zu allen Mahlzeiten auch unvorgekauter Reis in den Mund gesteckt; bekommt es zwischendurch Hunger, gibt ihm die Mutter die Brust. Seine Zeit verbringt es in ständigem Körperkontakt mit der Mutter, im über die rechte Schulter und die linke Hüfte gelegten Tragtuch. Sobald es darin sitzen kann und die Pausen zwischen dem Nahrungsbedürfnis lang genug sind, trägt es auch eine ältere Schwester oder, sehr häufig, der Vater, im Tuch mit sich. Ist mal niemand frei, und insbesondere auch nachts, benutzt man das Tuch auch als Hängematte. Sobald das Baby sitzen und krabbeln kann, darf es sich im Haus allein bewegen und ausprobieren, was es will. Da steht nichts Kostbares herum, das es zerbrechen oder zerreißen könnte. Da es keine Kleidung trägt und sich der Fußboden mit Wasser leicht säubern läßt, ergibt sich keine Notwendigkeit zum speziellen Sauberkeitstraining; daß sich die Hunde beim Säubern nützlich machen können, wurde bereits erwähnt. Mit der Zeit lernt es das Kind schon, sich in die für solche Geschäfte vorgesehene Ecke des *tsar* zu begeben. Wenn es sich schmutzig macht, wird es gewaschen; wenn es sich jedoch nicht waschen lassen will, dann wird es eben nicht gewaschen: bereits Kleinkinder werden zu nichts gezwungen, das sie nicht wollen.

Sobald es seine ersten Steh- und Gehversuche macht, findet das Kind allgemeines Interesse; man ermuntert es, spricht mit ihm und fördert sein Sprachverständnis, ohne Verwendung einer Babysprache. Man erzählt ihm, sobald es mehr versteht, auch keine Märchen – einem Kind etwas zu erzählen, an das man nicht selbst glaubt, wäre dasselbe, wie es zu belügen. Die Mru lügen notfalls, wenn sie Angst haben, aber sie schämen sich dessen; noch übler wäre es, Kindern absichtlich etwas Falsches zu erzählen. Wenn Kinder etwas Falsches sagen oder tun, geschieht dies mangels Wissen und mangels Fähigkeiten. Dagegen helfen keine Strafen. Wissen und Fähigkeiten eignen sich die Kinder mit der Zeit allein an, indem sie zuhören, zuschauen und nachahmen. Zu erzwingen ist dabei nichts. Die einzige Möglichkeit ist, die Kinder vor den Folgen schlechter Handlungen zu warnen, und die kommen in der Regel über die Reaktion der Geister, auch wenn deren Wesen für die Mru oft so undefinierbar bleibt, wie für uns die «psychosomatischen Auswirkungen sozialer Mechanismen».

Diese von der Konzeption des Kindes als eines sich erst bildenden Menschen geprägte, tolerante Haltung der Eltern gegenüber kindlichen ‹Dummheiten›, einschließlich unsozialen Verhaltens, findet allerdings eine dieses Verhalten korrigierende Ergänzung in den Spielgruppen, in denen die Kinder untereinander und aneinander lernen können, wie man miteinander umzugehen hat. Es mag da gelegentlich wenig zimperlich hergehen, aber zwischen übermütigem Necken und Bosheit wird strikt unterschieden. Wer ausfällig oder gar handgreiflich wird, muß damit rechnen, daß er für ein paar Tage nur am Rande stehen und zuschauen kann. Eltern greifen da nicht ein, um ihre Kinder in Schutz zu nehmen; sie wissen, daß Kinder lernen müssen und daß unangenehme Erfahrungen dazu gehören: sie bestätigen ja nur die Ermahnungen der Eltern.

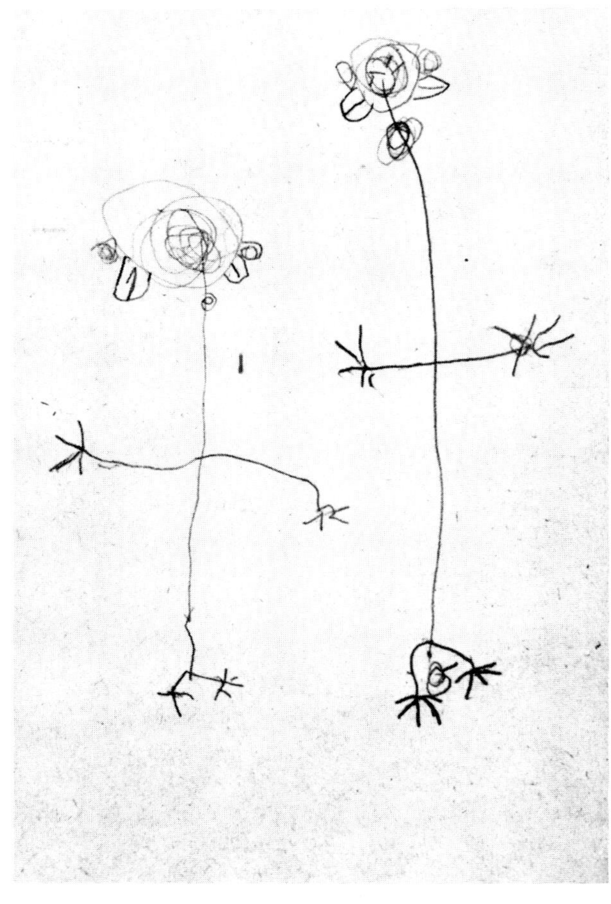

Wollen Kinder zeichnen,
benutzen sie für gewöhn-
lich den gesäuberten
Dorfplatz und den Fin-
ger. Hier hat der Ethno-
loge einem Jungen
Papier und Bleistift ge-
geben. Die Zeichnung
zeigt zwei Geister mit vielen Köpfen (mehrfache
Kreise). An den Seiten
der Köpfe Augen und
Ohren (mit Schlitz),
darunter der Mund.

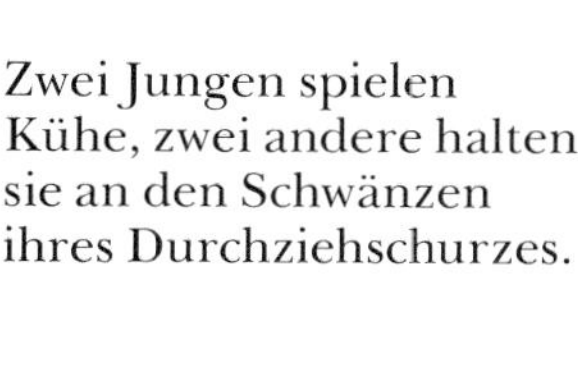

Zwei Jungen spielen
Kühe, zwei andere halten
sie an den Schwänzen
ihres Durchziehschurzes.

Zu den alten Sportarten
der Mru, Khumi und
Bawm gehört der Wett-
kampf zweier Männer
oder zweier Parteien, die
sich rechts und links an
einem Bambusrohr
gegenüberstehen und
versuchen, die Gegenpar-
tei zurückzudrücken.
Hier haben die zwei gro-
ßen Jungen die vier klei-
nen besiegt.

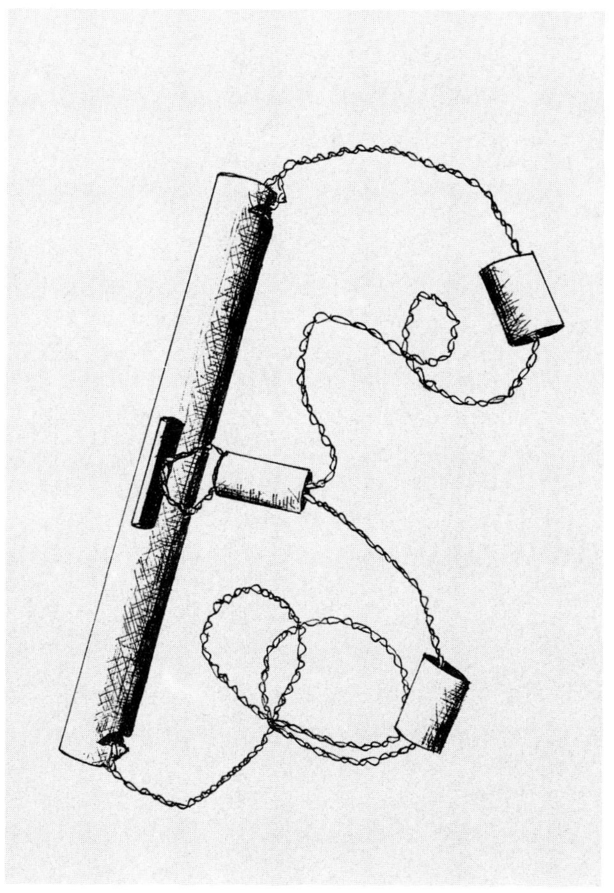

Vexierspiel: Ohne die
Schnur zu lösen, sind die
Bambushülsen rechts
und links beide auf eine
Seite zu bringen. Auch
Erwachsene haben große
Schwierigkeiten, das Pro-
blem zu lösen.

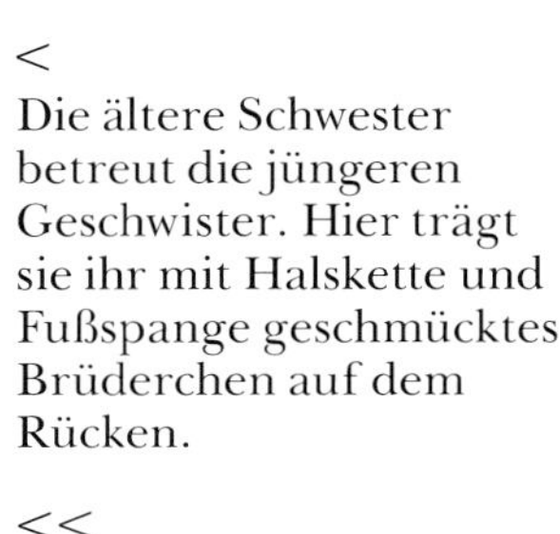

<
Die ältere Schwester betreut die jüngeren Geschwister. Hier trägt sie ihr mit Halskette und Fußspange geschmücktes Brüderchen auf dem Rücken.

<<
Junge spielt mit einer gefangenen Eidechse.

<
Kleiner Junge mit Zimbel, Fußrasseln, Armreifen an Hand- und Fußgelenken und einer Kette aus mehreren Strängen oder Perlen, wie sie die große Schwester um die Hüfte trägt, um den Hals.

<<
Ein Junge trägt einen jungen Hund spazieren – nicht immer werden Hunde so liebevoll behandelt.

Bereits Kinder lieben Silber- und Blumenschmuck. Das Kind rechts trägt Armreifen und eine Zinnie im durchbohrten Ohrläppchen, das linke hat nur ein Bambusröhrchen im Ohr – ob es die andere Zinnie erhält?

Kinder werden nicht zum Lernen gezwungen; sie müssen aus eigenem Antrieb heraus beobachten und sich die gewünschten Fähigkeiten und das erstrebte Wissen selbst aneignen. Die Erwachsenen dozieren nicht, erklären keine Handgriffe und korrigieren keine Fehler; es ist an den Kindern, zuzuschauen und nachzuahmen. Und in der Nachahmung der Tätigkeiten der Erwachsenen bestehen auch die meisten Spiele. Wohl gibt es Spezialisten *(sra)* unter den Erwachsenen, die eine besondere ‹Lehre› durchgemacht haben, aber diese Lehre läuft nach dem gleichen Muster ab: es gibt kein Geheimwissen, und wer sich bereits als Heranwachsender bemüht, z. B. einen Meister der religiösen Zeremonien überall hin zu begleiten und sich alles zu merken, was er hört und sieht, kennt halt eines Tages die Regeln und kann selbst die entsprechenden Zeremonien leiten, sobald er erwachsen und verheiratet ist; er braucht dazu niemandes Segen, sondern nur die Einsicht der anderen, daß er die Regeln besser kennt als sie.

Im ersten, dritten, fünften oder einem anderen ungeraden Lebensjahr vor der geschlechtlichen Reife werden Kindern beiderlei Geschlechts die Ohrläppchen durchbohrt.

Dazu findet ein besonderes Fest statt, an dem ein Rind geopfert wird. Ist die Wunde um das eingesteckte Hölzchen abgeheilt, wird das Loch durch ein Blattröllchen erweitert, bis es groß genug ist, den Ohrschmuck aufzunehmen. Eine weitere Zeremonie findet dazu nicht statt. Auch das Anlegen von Kleidung (mit etwa vier bis sechs Jahren) und der Eintritt der Geschlechtsreife bilden keinen Anlaß zu besonderen Feierlichkeiten oder zu Zeremonien. Die Kinder und jungen Leute werden sich trotzdem ihres neuen Status bewußt. Ab sechs können sie sich in ihren Kleidungsstücken dezent bewegen, ab 14 legen sie Wert auf eine ausdrucksvolle Erscheinung; sie putzen sich besonders heraus; die Jungen schwanken zwischen Großmäuligkeit und Großmut dem anderen Geschlecht gegenüber, die Mädchen benehmen sich albern oder kokett und ‹genieren sich›. Das spielerische Nachahmen der Erwachsenen ist vorbei; die jungen Leute arbeiten jetzt mit ihren Eltern zusammen. Für manchen, der den Vater ersetzen muß, und für manche, die die Mutter ersetzen muß, beginnt der Ernst des Lebens bereits zwei, drei Jahre früher. Für andere mag noch Lust und Laune die Teilnahme an der Arbeit bestimmen, aber im Prinzip möchte sich ja jeder vor dem anderen Geschlecht besonders auszeichnen. Dazu bietet sich nicht zuletzt dann Gelegenheit, wenn man in Arbeitsgruppen auf Gegenseitigkeit reihum auf den Feldern der Mitglieder arbeiten geht. Mädchen können zudem ihre besonderen Fähigkeiten in der Textilherstellung demonstrieren, auch wenn sie bis zum nächsten großen Fest warten müssen, um die Schmuckseiten ihrer Röcke nach außen tragen zu können.

Kleinere Feste gibt es häufiger, manche – wie die schon genannten Feldbaufeste – kehren alljährlich wieder, andere finden unregelmäßig statt, wobei die wenigsten von ihnen einen erfreulichen Anlaß (wie eine Hochzeit) haben; häufiger sind es Krankheiten, die ein kleineres oder größeres Opfer erfordern. Doch so unerfreulich die Lage für die Betrof-

fenen auch sein mag (für die Kranken oder
auch den Haushalt, der die Mittel für dieses
Fest eigentlich gar nicht aufbringen kann),
für alle ist ein Fest immer auch etwas Erfreuli-
ches, gibt es doch Fleisch zu essen und
(zumindest für die Männer) Bier oder
Schnaps zu trinken. Für die Mru liegt da kein
Widerspruch: in jedem Fall sollen vor allem
die Geister freundlich gestimmt werden; das
Opfer im Fall der Krankheit nimmt die Genesung vorweg. Und oft findet es auch erst nach
der Genesung statt: wer die Mittel zum Fest
wirklich nicht auftreiben kann, verspricht
den Geistern, das Opfer später nachzuholen,
und sie können sich mit Sicherheit darauf verlassen, daß das Versprechen eingehalten
wird.

Ob eine Krankheit ein Opfer erfordert,
hängt letztlich davon ab, wie normal sie
erscheint: Darmbeschwerden zu einer Zeit,
wo die Ruhr grassiert oder nachdem man
etwas Falsches gegessen hat, sind kein Grund
für besondere Maßnahmen, und auch wenn
jemand sich verletzt hat, weiß er um die Ursa-
che; aber wenn ihm wiederholt ein Mißge-
schick passiert, oder wenn er ohne sichtlichen
Anlaß heftige Schmerzen bekommt, ihn das
Fieber überfällt, sich eine Besserung nicht in
der üblichen Zeit einstellt, dann steht zu ver-
muten, daß hier ein Opfer nötig ist. Welcher
Geist als Verursacher in Frage kommt und
welches Opfer dementsprechend zu bringen
ist, läßt sich aus den Symptomen nur teilweise
erschließen. Zwar haben die meisten Mru-
Geister nur sehr wenig ‹Persönlichkeit› (es
gibt keine Priester, die eine Doktrin ausarbei-
ten könnten), doch gibt es jeweils nur eine
begrenzte Anzahl von Zeremonien. Um nun
herauszufinden, welche gefordert ist, gibt es
verschiedene Methoden; am üblichsten ist
die Divination mittels der Schwingungen
eines Bogens, wie er zum Baumwollkarden
benutzt wird. Dementsprechend ist es auch
meist eine Frau, die in dieser Kunst bewan-
dert ist. Die Opferzeremonien selbst werden
fast ausschließlich von Männern durchgeführt, obwohl nicht jeder Mann über die nöti-

Oben:
Auf dem *tsar* wird ein Altärchen für ein Kranken-
opfer errichtet.

Unten:
Fleischbröckchen werden
als Opfergabe für die
Geister auf Bambus-
spleiße gespießt.

Oben:
Eine Frau ist gestorben und wird für einige Tage im *kim-tom* aufgebahrt. Am Sarg hängt ihr Schmuck, davor steht die Speisung. Im Hintergrund schlagen drei Trommler auf zwei Trommeln die dreitönige Melodie des Totentanzes.

Unten:
Zwei Männer tragen den Sarg an einer Stange zum Verbrennungsplatz jenseits des Baches. Die Jungen geben der Verstorbenen das letzte Geleit, indem sie den zu allen Opferfesten benutzten Satz von drei Tellergongs schlagen.

gen Detailkenntnisse verfügt. Notfalls muß ein Spezialist aus einem anderen Dorf gerufen werden.

Vor dem Ende des 19. Jahrhunderts soll es noch eine Art Schamanen gegeben haben, die sich in Trance auf Seelenreise begeben und mit den Geistern direkt in Kontakt treten konnten; heute sind diese Fähigkeiten vergessen, und auch die Kenntnis von Medizinpflanzen ist nur noch rudimentär. Mittel gegen Schmerzen, Malaria und Ruhr kann man von Bengali-Händlern kaufen; oft bleibt jedoch unbekannt, wie man sie dosieren und anwenden soll. Und was die bengalischen Quacksalber sonst noch für teures Geld verkaufen, hilft in den seltensten Fällen. Von der Wirksamkeit von Injektionen sind die Mru jedoch überzeugt, obschon auch die Pflichtimpfungen nicht risikolos sind, da die lokalen Sanitäter häufig genug verschmutzte Injektionsnadeln verwenden. Gegen Pocken gab es traditionell keine Abhilfe außer der Flucht in den Dschungel. Um sich gegen Cholera, die früher vor allem zwischen Mai und Juli auftrat, zu schützen, schloß man die Dörfer gegen Fremde ab oder verließ wiederum das Dorf, um durch Vereinzelung in den Feldhäusern die Ansteckungsgefahr zu verringern. Opfer gegen solche Epidemien galten nicht nur als nutzlos, sondern waren sogar verboten. Opferfeste zielen auf Zusammenhalt und Einbindung in die Gemeinschaft; Epidemien verlangen Isolierung.

Zu den Festen, die Leiden durch Bestätigung der Gemeinschaft überwinden helfen, gehört schließlich auch das Totenfest. Um allen Verwandten die Gelegenheit zu geben, den Toten noch einmal zu sehen, muß die Leiche zwei bis drei Tage aufbewahrt werden. Von den nächsten Angehörigen wird der Verstorbene mit warmem Wasser gewaschen und neu eingekleidet; einer Frau legt man ihren Schmuck an, ein Mann erhält einen neuen weißen Turban. Dann wird ein kleiner Korb geflochten, ein Huhn getötet und ein Kilo Reis gekocht. Der Reis wird mit den Beinen, dem Magen und dem Kopf des Huhns in den

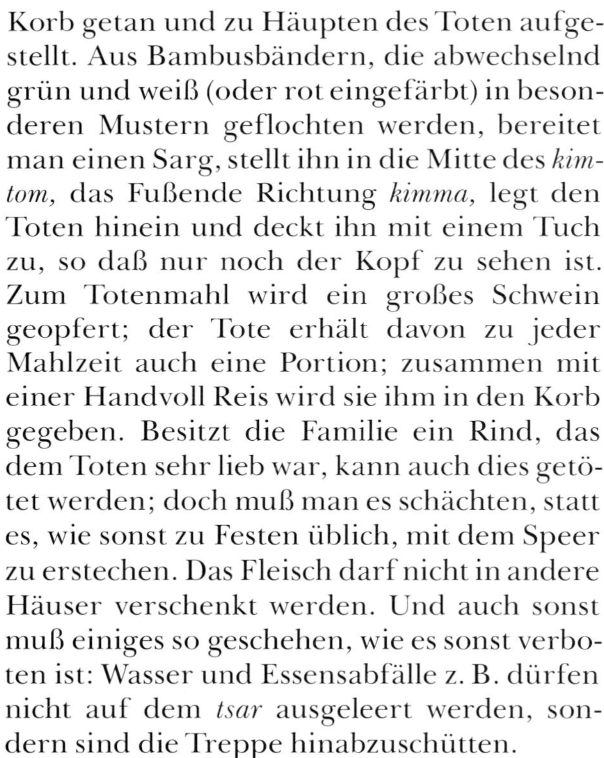

Korb getan und zu Häupten des Toten aufgestellt. Aus Bambusbändern, die abwechselnd grün und weiß (oder rot eingefärbt) in besonderen Mustern geflochten werden, bereitet man einen Sarg, stellt ihn in die Mitte des *kimtom*, das Fußende Richtung *kimma*, legt den Toten hinein und deckt ihn mit einem Tuch zu, so daß nur noch der Kopf zu sehen ist. Zum Totenmahl wird ein großes Schwein geopfert; der Tote erhält davon zu jeder Mahlzeit auch eine Portion; zusammen mit einer Handvoll Reis wird sie ihm in den Korb gegeben. Besitzt die Familie ein Rind, das dem Toten sehr lieb war, kann auch dies getötet werden; doch muß man es schächten, statt es, wie sonst zu Festen üblich, mit dem Speer zu erstechen. Das Fleisch darf nicht in andere Häuser verschenkt werden. Und auch sonst muß einiges so geschehen, wie es sonst verboten ist: Wasser und Essensabfälle z. B. dürfen nicht auf dem *tsar* ausgeleert werden, sondern sind die Treppe hinabzuschütten.

Nach der Aufbahrung des Toten und dem Schlachten der ersten Tiere beginnt der Totentanz, der täglich dreimal aufzuführen ist. Als Instrumente dienen drei einrohrige Kürbispfeifen *(tu),* drei Tellergongs und drei Trommeln, alle in drei verschiedenen Tonhö-

hen. Die zu spielenden Tonabfolgen sind durch den Text der Totenlieder festgelegt, die als solche jedoch nicht gesungen werden. Die Instrumente geben nur die Tonhöhen der Silben wieder – Mru ist eine Tonsprache mit drei Tönen. Die Geister verstehen den Text, der zum Teil auf die Entstehung des Todes anspielt, von der Herstellung des Sarges und den Opfern spricht, den Toten sein Schicksal beklagen läßt und einen Tanz der Vögel andeutet – wohl den der Menschen, gesehen von der Seite der Geister. Unter den Menschen kennen nur ein paar Spezialisten, die *tu-sra,* den Text, und sie geben den Mitspielern die zu spielenden Tonabfolgen an. Außer diesem regulären Totentanz gibt es noch eine ganz andere Form, die ein überlebender Ehemann zu fürchten hat, wenn die Sippenangehörigen einer verstorbenen Frau davon ausgehen, daß er sie nicht gut behandelt hat. Allen zum Totenfest kommenden Sippenangehörigen der Frau muß der Ehemann einen Speer überreichen und sie, außer wie üblich mit Hühnerfleisch und Reis, auch reichlich mit Reisschnaps bewirten. Sind sie bösen Sinnes, führen sie zum Trommelklang rund um den Sarg einen wilden Tanz auf, bei dem sie die ganze Hauseinrich-

<<
Zusammen mit einer Wegzehrung (im Bambusrohr) und einem Fächer werden in ein Tuch gehüllte Knochenreste auf dem Verbrennungsplatz unter einem schrägen Dach deponiert.

198

tung zerschlagen und die Wände zerhacken können. In jedem Fall hat der Bruder der Frau Anrecht auf eine letzte Zahlung, symbolisiert als Preis für das Verbrennen der Haare der Toten.

Am Vorabend der Verbrennung spielen junge Männer neben dem Sarg (nach dem Prinzip ‹Kopf oder Zahl›) um Geld: Die Gewinne der ‹Bank› gehen an den Toten. Jeder Haushalt des Dorfes bringt ein paar Scheite Holz; am nächsten Morgen wird das Holz gebündelt, an Tragstangen zum Verbrennungsplatz gebracht und dort aufgeschichtet. Der Scheiterhaufen besteht für Männer aus fünf, für Frauen (in Anerkennung ihrer täglichen Sorge um das Feuerholz) aus sechs Lagen Holz. Zur gleichen Zeit wie das Holz trägt man, begleitet vom Schlagen der drei Tellergongs, auch den Sarg und die Totenbeigaben zum Verbrennungsplatz. Der Sarg eines Mannes wird mit dem Kopfende nach Westen, der einer Frau nach Osten auf den Holzstoß plaziert; die Frau soll nach Westen sehen, der Mann nach Osten. Mit einer Fackel wird der Stapel zunächst am Kopfende, dann am Fußende in Brand gesteckt. Sobald die Flammen hochschlagen, dreht man einem Hühnchen den Hals ab und wirft es ins Feuer. Ein

Hund wird erschlagen, kurz ins Feuer gehalten und dann weggeworfen. Nach dem Herabbrennen wird die letzte Glut mit Wasser gelöscht. Knochenreste und unverbrannte Schmuck- und Geldstücke werden zusammengetragen und zusammen mit einem Haumesser und einer Hacke mit einem Tuch zugedeckt. Davor plaziert man ein Bambusrohr mit Reis und den Topf, in dem das Wasser für die Totenwäsche bereitet wurde. Über das Ganze errichtet man ein schräges Dach. Etwas abseits wird aus Bambus ein etwa 1 m hohes Totenhäuschen gebaut, mit Miniaturherdplatz und Treppe. Dahinein wird eine ‹Wiege› aus Stoff gehängt, Frauen erhalten dazu Armringe und Ketten (bzw. deren aus der Asche geholten Reste) sowie einen neuen, aber zerschnittenen Rock; Männer einen Durchziehschurz. Dazu kommen Geräte wie ein Korb, eine Trinkschale und eine Flasche mit etwas Reisbier oder -schnaps. Vor dem Haus wird ein Opferaltärchen errichtet. Ein Schwein und ein Huhn werden getötet und, nebst Reis, zubereitet. Von allem erhält der Tote etwas, den Rest essen die Anwesenden. Alles benutzte Geschirr sowie auch einen runden Biertopf läßt man vor dem Totenhäuschen zurück. Aus dem Topf müssen alle, die an der Zeremonie beteiligt waren, etwas trinken und wieder ausspucken, während der Zeremonienmeister ihnen mit einem Stückchen einer Wildingwerwurzel die Stirn berührt, damit sie hernach nicht unter Kopfschmerzen leiden. Sobald sie wieder ins Dorf kommen, wird von der zu Hause gebliebenen Frau etwas Asche über sie geworfen. Am Nachmittag wird im Sterbehaus ein weiteres Schwein geschlachtet; am nächsten Tag ist es für alle Leute des Dorfes verboten, auf den Feldern zu arbeiten.

Dem Totenhäuschen wird keine weitere Pflege gewidmet. Es zerfällt langsam, und seine Reste können, z. B. anläßlich des nächsten Verbrennungsrituals, ohne weiteres beiseitegeräumt werden. Einige Leute fürchten sich (vor allem nachts) in der Nähe des ‹Fried-

hofs›, andere tun es nicht. Die Seele des Toten verläßt diesen Ort und begibt sich ins Jenseits. Die erste Strecke ist finster und übel, doch der Hund, den man tötete, zeigt ihr den Weg, und das mitverbrannte Hühnchen geht voraus und pickt das Ungeziefer auf. Dann kommt sie an eine Weggablung zu einem Prüfer, der einen schlechten Menschen in die Finsternis ohne Wiederkehr schickt, einen guten jedoch in den Himmel, wo er verjüngt ankommt und seine bereits verstorbenen Verwandten wiedersieht. Dort verbringt man seine Zeit u. a. damit, im Schatten eines großen Feigenbaumes zu sitzen, sich mit Spielen zu unterhalten und mit Pfeil und Bogen zu schießen. Schließlich kann die Seele, wenn sie will, auch auf Erden wiedergeboren werden. Auch die Seele eines Menschen, der eines ‹schlimmen Todes› starb, gelangt in den Himmel (sie steigt über einen Regenbogen dahinauf). Doch es heißt, der Mensch habe sieben Seelen, und ob von diesen nicht doch eine am Totenplatz zurückbleibt, ist nicht sicher. Eines schlimmen Todes sterben Leute, die ertrinken, verbrennen, von einem Baum fallen, vom Tiger gerissen werden oder in eine Falle geraten; vor allem aber auch Frauen, die im Kindbett sterben. In allen Dörfern, die von einem solch schlimmen Tod hören, haben alle nicht lebenswichtigen Tätigkeiten für einen Tag zu ruhen; man kann die Dörfer auch für Fremde sperren. Doch sind auch jetzt die Verwandten einzuladen. Der Sarg wird nur in Weiß geflochten, das Fleisch des ersten getöteten Schweins darf nicht gegessen werden, überhaupt dürfen alle Verwandten bis zur Verbrennung kein Fleisch, sondern nur gekochten Reis essen und Wasser trinken. Fremde dürfen im Totenhaus überhaupt nichts essen. Der Totentanz entfällt. Erst ein weiteres spezielles Schweineopfer nach der Zeremonie hebt die Verbote wieder auf; ein weiteres Schwein muß für die Sippenangehörigen der eines schlimmen Todes gestorbenen Ehefrau geopfert werden, sonst können sie in keinem Haus der Sippe des Ehemannes mehr das ihnen zustehende Hühnerfleisch essen.

Kinder bis zu drei Monaten dürfen nicht verbrannt werden. Aber auch Kinder bis zu zwei Jahren erhalten meist eine Erdbestattung. Ebenfalls zum Begräbnis greift man im Fall von Epidemien, nicht weil eine Verbrennung unstatthaft wäre, sondern weil die Helfer für das Verbrennungszeremoniell fehlen, und schließlich auch im Fall von Erwachsenen, die keine Familienangehörigen mehr haben, die für die Kosten des Totenfestes aufkommen würden. Für das Begräbnis wird die Leiche nur in ein Tuch gehüllt; es gibt keinen Sarg, kein Tieropfer und keinen Totentanz. Das Grab wird mit der Hacke ausgehoben und nach dem Wiedereinfüllen der Erde mit einer Absperrung umgeben. Auf das Grab stellt man dem Toten einen Reistopf mit Deckel, die Kalebassen, die Topfzange und den Topf, die für die Bereitung des Totenwaschwassers Verwendung fanden, die Kleidung und den Schmuck, die der Verstorbene trug, Haumesser und Hacke, mit denen das Grab und seine Umzäunung hergerichtet wurden, Korb und Riemen, mit denen die Sachen, und die Tragstange, mit denen die Leiche zum Grab getragen wurde. Alle diese Objekte dürfen nicht wieder verwendet werden.

Beim Tanz.

Nächste Doppelseite:
Der widerstrebende Bulle
wird an Seilen in das
mit Quastenbambus
geschmückte Gehege
gezerrt.

Mit Ketten, Kämmen, Münznadeln und Blumen
sowie Arm- und Fußreifen geschmückte Mädchen
legen zum Tanz die Fußrasseln an.

Linke Seite:
Zum Fest trägt jeder seinen besten Schmuck.
Die mit Blech beschlagenen Holzkämme werden selbst
hergestellt.

Auf dem Bazar zu erwerbende bunte Papierrosetten, die zum
Festtanz in den Haarknoten gesteckt werden, erfreuen sich bei
den jungen Mädchen großer Beliebtheit.

Rechte Seite:
«He du, mit deiner Münzkette, wie lange brauchst du noch,
um die Fußrasseln anzulegen?»

Der Tanz beginnt.
Am kühlen Morgen tragen
die Mädchen noch ihre
farbigen Umhangtücher.

Je größer das Fest, desto mehr der runden Bierkrüge
sollte der Festgeber aufstellen lassen. Nach dem Tanz fordern
die jungen Männer die jungen Mädchen zum Trinken auf.

Für das getrunkene Quantum wird mit einem Bambusköcher
Wasser nachgefüllt. So bleibt der Topf immer voll, aber das Bier
wird immer dünner.

Blick auf den Festplatz. Die Tänzer umkreisen das
im geschmückten Gehege angebundene Rind.
Rechts der Ständer mit dem großen Bronzegong,
darunter ein Altärchen, Bierkrüge und kleine Töpfe
und Bambusköcher mit Reiswasser. An der Hauswand eine quastengeschmückte *tu*-Pfeife.

Ein Festhelfer (mit Kind im Tragtuch) schlägt
den Tellergong.

Junge Männer ziehen das getötete Rind in Begleitung
der tanzenden Mädchen zum Haus des Festgebers,
wo es enthäutet und zerlegt wird.

Ein Festhelfer stößt dem Rind von rechts her
den Speer zwischen die Rippen.

Im Gegensatz zum Bier kann Schnaps auch getrunken werden,
wenn kein Fest stattfindet. Das erste Glas oder die erste Tasse
wird immer einem besonders zu ehrenden Gast kredenzt.

Rechte Seite:
Nachdem das Rind auf der offenen Plattform des Festgeberhauses enthäutet und zerlegt wurde, schneidet man das Fleisch
in kleine Würfel, die dann mit Chilipfeffer und anderen
Gewürzen in großen Töpfen auf dem Dorfplatz gekocht werden.
Frauen und Kinder schauen zu: Die Zubereitung des Fleisches
ist reine Männersache.

Alle zum Tanz benutzten Mundorgeln sind mit einem
Bourdon versehen.
Je länger dieser Aufsatz, desto tiefer die Tonlage.

Linke Seite:
Form und Üppigkeit des Bambusschmucks über dem Festplatz
richten sich nach der Anzahl und Art der Opfertiere,
variieren jedoch auch von Region zu Region.

Zum Fest ergeht an die Verwandten auf Frauengeber- und
-nehmerseite (*pen* und *tutma*) eine besondere Einladung.
Die *tutma* werden mit Hühnern beköstigt und erhalten ihre
eigenen Bierkrüge im Haus des Festgebers. Am quergelegten
Stäbchen befindet sich unten die Trinkmarke, der gemäß
jeder das gleiche Quantum trinkt.

Das Destillieren von Reisschnaps ist Aufgabe der Frauen.
Der aus der Maische des Biertopfes aufsteigende Alkoholdampf
wird in einem Bambusrohr, das mit einem nassen Tuch
umwickelt ist, abgekühlt und links aufgefangen in der Vorlage,
einem Töpfchen, das in einem Wasserbad steht.
Mit dem Probierröhrchen in der Vorlage läßt sich die
Qualität kontrollieren.

Ohne Rinderfest kein Tanz.
Und da die Gelegenheiten
so selten sind, tanzen die
jungen Leute auch nach dem
Festmahl bis in die Nacht
hinein weiter.

Rinderfeste

Die bedeutenden Tage im Jahreslauf sind diejenigen, an denen man ein großes Fest besuchen kann; die bedeutendsten Tage im Leben sind diejenigen, an denen man selbst eines geben kann. Als Festgeber gelten die Männer, doch nur ein verheirateter Mann kann Feste veranstalten, an denen Rinder, Gayal oder Büffel geopfert werden. Nicht jeder Mann ist ehrgeizig genug, auf ein Fest hinzuarbeiten, aber mancher wird auch ohne seine Absicht dazu gezwungen, eines zu geben – in schweren Krankheitsfällen kann es nötig werden, ein Rind zu opfern. Aber auch wer eine besonders gute Ernte gehabt hat, wird gut daran tun, ein Fest zu geben, um nicht den Unwillen der Geister (und die Mißgunst der Dorfbewohner) heraufzubeschwören. Feste können also auch präventiv, zur Sicherung der körperlichen und geistigen Gesundheit der Familienmitglieder, gegeben werden.

Alles jedoch, was über ein einfaches Rinderopfer hinausgeht, zielt primär auf Gewinn sozialen Ansehens. Wohl kann sich ein Mru auch dadurch hervortun, daß er den Posten eines Dorfchefs (Karbari) übernimmt: die Leistungen in diesem Amt werden ihm nicht vergütet; im Gegenteil, er hat zusätzliche Auslagen, indem alle Besucher, die sonst keinen Verwandten im Dorf haben, sich bei ihm einquartieren und auch damit rechnen, verköstigt zu werden. Wer also solch einen Posten im Einvernehmen mit den anderen Dorfbewohnern übernimmt, muß bereit sein, für sein Prestige zusätzlich zu arbeiten. Das gleiche gilt aber auch für einen Festgeber, und von daher ist es nicht verwunderlich, daß der größte Festgeber des Dorfes in der Regel auch der Karbari ist oder vielleicht auch jemand, der sich für die Nachfolge qualifizieren möchte. Ein Karbari hat keine Machtbefugnisse, und auch ein Festgeber erhält nur Ansehen, keine Macht. Der durch eigene und Familienarbeit erwirtschaftete Reichtum läßt sich in der traditionellen Gesellschaft nicht in Macht umsetzen. Solange jedem auf der Dorfflur ein Feld zusteht, gibt es keine Möglichkeit, andere dauerhaft für sich arbeiten zu lassen – es sei denn, man betätige sich als Wucherer, was aber den traditionellen Verwandtschaftsverpflichtungen völlig zuwiderliefe. Ein Festgeber, der in Verdacht steht, seinen Reichtum anderen abgepreßt zu haben, statt ihn selbst zu erarbeiten, muß damit rechnen, daß die Leute sein Fest meiden, er sich also statt größerem Ansehen eine öffentliche Demütigung einhandelt.

Wieviel ein Festgeber bei den Mru von seinem zeitweiligen und vergänglichen Reichtum durch ein Fest in dauerhaftes Ansehen verwandeln sollte, ist nicht festgelegt; er braucht sich also nicht völlig zu verausgaben. Bei den Khumi kommt er jedoch kaum darum herum, denn die Gäste bringen ihm Geschenke, die er in der Folgezeit mit Aufschlag zurückgeben muß: je mehr ‹Kredit› man ihm auf seine zukünftige Produktion gibt, desto höher ist sein Ansehen. Die Verdienstfeste verhindern also die Entstehung einer wirtschaftlichen Vorrangstellung einzelner Familien; wer sich dem Druck zur Verteilung widersetzt, muß mit Sanktionen der Geister (Krankheiten) rechnen; wer ihm jedoch folgt und sich zudem noch redlich dafür abmüht, macht seinem Namen Ehre und setzt sich ein Denkmal, das seinen Tod überdauert, bei den Khumi konkretisiert durch einen Megalithen, der während des Festes auf dem Dorfplatz errichtet wird. Auch die Mru setzen Steine, jedoch meist nur geringer Größe. Mit der Verschlechterung der wirtschaftlichen

Lage, dem Knapperwerden des Bodens und dem Zurückgehen der Erträge, verringern sich auch die Möglichkeiten, ein Rinderfest zu geben, insbesondere aber hat nur noch ganz selten jemand die Mittel, ein größeres Fest abzuhalten. Die Regeln für die Durchführung der höchsten Feste waren bereits in den fünfziger Jahren nur noch wenigen alten Männern bekannt, die sie Anfang des Jahrhunderts noch miterleben konnten.

Als Festzeit gelten die Monate Dezember und Januar, also die Periode zwischen der Baumwollernte und dem Schlagen der neuen Felder, und bevorzugt wird die Zeit des zunehmenden Mondes. Bei größeren Festen bleibt diese Zeitfestlegung jedoch meist Theorie, die Vorbereitungen können sich länger hinziehen als geplant, so daß die Feste erst zwischen Februar und April stattfinden. Ein kleines Fest kann von einem auf den anderen Tag vorbereitet werden, sofern nur Reisbier und -schnaps vorrätig oder in der Nachbarschaft besorgbar sind. Für größere Feste kommt als tagelange Vorarbeit, die auch der Getränkebereitung vorausgehen muß, das Reisstampfen dazu. Die Opfertiere werden fast immer von außerhalb gekauft: an den eigenen Rindern hängt man zu sehr (es sei denn, man müsse eine Notschlachtung vornehmen), und auch die Nachbarn und Verwandten, die am Fest teilnehmen, möchten ihre Rinder nicht gern geschlachtet sehen. Es ist jedoch nicht die Beschaffung des Großviehs, die am meisten Mühe bereitet, sondern die der großen Anzahl von Hühnern, die für die Bewirtung der Gäste aus den *tutma*-Sippen bereitstehen müssen. Da die Mru-Haushalte der Risiken wegen nur ein paar Hühner halten, ist man auf die Zulieferung durch die Händler angewiesen, und die sind nicht unbedingt verläßlich. Zugleich sind, rechtzeitig vor dem Fest, alle wichtigen Verwandten einzuladen, und schließlich sind, ehe das Fest beginnen kann, noch zwei Tage einzukalkulieren, an denen der Festschmuck bereitet wird. Bei kleineren Festen reichen dafür ein paar Stunden, wenn alle Männer des Dorfes mithelfen.

Reisstampfen sowie Bier- und Schnapsherstellung sind, wie immer, Sache der Frauen. Bier wird in großen, bauchigen, vom Markt gekauften Tontöpfen angesetzt. Zuunterst wird eine Schicht Padi (unenthülster Reis) eingefüllt, darüber aber kommen je nach Topfgröße zwei bis zwanzig Kilo gekochter Reis, der mit etwas (aus wildwachsenden Pflanzen und angekochtem Reis zuvor hergestellter) Bierhefe vermischt wurde. Die Öffnung des Topfes wird mit einem Bananenblatt verschlossen und mit einem Riemen aus Rindenbast zugebunden. Nach etwa vier Tagen kann man ein süßschmeckendes, milchiges Bier abgießen; meist jedoch läßt man den Topf, unter Zugabe von etwas Wasser, gut verschlossen zwei bis vier Wochen stehen. Der nun säuerlich vergorene Reis wird mit einer Lage frischer Bananenblätter, die durch einen hexagonal geflochtenen Bambusrahmen festgehalten wird, abgedeckt. Ein langer, dünner Bambus, der als Trinkrohr dient, wird senkrecht so eingeführt, daß sein unteres Ende bis in die Padi-Schicht reicht; und schließlich wird Wasser aufgefüllt. Nachdem sich der Hausherr mit einem ersten Probezug am Rohr überzeugt hat, daß alles in Ordnung ist, können die Gäste in der Reihenfolge ihres Ranges zum Trunke gebeten werden. Mit einer je nach Festart etwas anders gestalteten Trinkmarke wird sichergestellt, daß jeder Teilnehmer ziemlich genau die gleiche Portion trinkt; sobald der Wasserspiegel bis zum unteren Ende der Marke gesunken ist, überläßt der Trinkende seinen Platz dem nächsten; zuvor wird der Wasserspiegel wieder auf das alte Niveau gebracht. Da das Wasser durch die Bananenblätter nach unten nachfließt, wird das Bier mit jedem Trunk etwas schwächer; trinken kann jeder, bis es ihm zu fad schmeckt. Das restliche Wasser wird am Festende weggekippt und der verbleibende Reis den Schweinen gefüttert.

Soll Schnaps bereitet werden, ist die Padi-Einlage, durch die verhindert wird, daß das Saugrohr verstopft, nicht nötig. Die mit Wasser angesetzte Maische wird nach zwei bis

> Ein junger Mann trinkt
an einem der Bierkrüge,
die am Rande des Fest-
platzes aufgestellt sind.
Seine Ohrringe sind mit
kleinen Perlenketten
geschmückt, seine Stirn
ziert ein großer roter
Farbfleck.

>> Mundorgelspieler wäh-
rend des Tanzes. Die kleinen schwarzen Flecke auf
den Rohrpfeifen sind die
Erdwachsverklebungen,
hinter denen die Zwi-
schenwände der Knoten-
stellen durchbohrt wur-
den.

drei Tagen Fermentation destilliert. Die Hausfrau setzt den großen runden Biertopf auf den Herd und stülpt auf seine Öffnung das durchbohrte Oberteil eines Flaschenkürbisses, das in ein mit einem feuchten Tuch umwickeltes, schräg nach unten führendes Rohr reicht. Die Verbindungsstellen werden mit Maische abgedichtet. Das Rohr mündet in einen kleinen Topf, der schräg in einem größeren Gefäß mit Kühlwasser steht. Nun kommt alles darauf an, das Feuer richtig zu dosieren – brennt die Maische gegen Ende des Prozesses an, schmeckt hernach alles scheußlich – und das Rohr durch Übergießen von Wasser ständig zu kühlen, damit der Alkohol nicht als Dampf entweicht. Pro Kilo Reis läßt sich etwa eine Flasche (allerdings nicht sehr hochprozentiger) Schnaps gewinnen. Bengalen verstehen es, aus vier Flaschen normalem Schnaps durch erneutes Destillieren eine Flasche hochprozentigen Alkohols herzustellen: als während des letzten Krieges das Petroleum für die Lampen knapp war, es

aber noch genügend Reis gab, wurde derart Ersatzbrennstoff gewonnen. Im Gegensatz zum Bier, das nicht gehandelt wird, kann Schnaps flaschenweise gekauft werden; aber niemand kauft eine Flasche, um sie für sich allein zu trinken – Alkohol wird bei den Mru nur zu gesellschaftlichen Anlässen konsumiert: einen besonders wichtigen Besuch sollte man mit einer Flasche ehren; sie muß voll sein; und sie muß ausgetrunken werden. Nur wer einen vollen Speicher hat, kann Reis für Alkoholika abzweigen. Der Konsum ist insgesamt gering: für das Budget rechnet man 6 kg Reis pro Person und Jahr für Bier und Schnaps zusammen. Wer das nicht übrig hat, kann auf Schnaps verzichten; ein Reisbiertopf jedoch ist ein Muß für einige Feste des Jahreszyklus und zumindest für all jene Schweineopfer, bei denen, wie beim Hochzeitsfest, abschließend allen Familienangehörigen zur Festigung der Seele ein Faden um das Handgelenk gebunden wird. Das Bier ist für die Seele, und auch der Topf hat seinen

Faden: es ist der Riemen, mit dem er zugebunden wird. Während der Zeremonie darf
dieses Band weder beschädigt noch gelockert
werden. Gäste können dem Festgeber Biertöpfe als Geschenk mitbringen, aber nie mit
fehlendem Band. Wer ein großes Fest geben
will, darf, über die zeremoniell notwendigen
Biertöpfe hinaus, mit weiteren Alkoholika
nicht sparen, und entsprechend beschäftigt
sind während der Wochen und Tage zuvor
nicht nur die Frauen im Haushalt des Festgebers, sondern auch die Nachbarinnen, denn
auch in ihren Häusern werden sich Gäste einfinden.

Auch haben die jungen Männer bereits
Wochen vor dem Fest ihre besondere
Beschäftigung. Allabendlich treffen sie sich
jetzt nicht mehr, um den (eh und je beschäf-
tigten) jungen Mädchen den Hof zu machen,
sondern um ihre Mundorgeln instand zu setzen, aufeinander abzustimmen und zu üben.
Wohl gibt es eine spezielle Art dieser Instrumente, die man zu jeder Zeit solo spielen
kann, und eine andere, die speziell zu Hoch-
zeiten geblasen wird; aber das Spielen im
Orchester auf den nur dafür verwendeten
Mundorgeln ist nur zu Rinderfesten erlaubt.
Da gibt es ganz kleine Pfeifen von wenigen
Zentimetern Länge und andere mit Rohren
von mehreren Metern, die mit den aufgesetz-
ten Bourdons so schwer sind, daß sie in einem
umgehängten Tuch getragen werden müssen. Jede Mundorgel besteht aus einem Flaschenkürbis, in den der Spieler die Luft bläst,
mit zwei in den bauchigen Teil eingesetzten
Reihen von Rohren, die je mit einem Griff-
loch versehen sind, eine Reihe für die rechte
und eine für die linke Hand. An ihrem unteren, im Flaschenkürbis steckenden Ende
haben die Rohre eine zweite seitliche Öffnung, in die ein feines Bambusblättchen mit
einer Zunge (mit Hilfe von Wachs) eingeklebt
ist. Ein Wachsklümpchen auf der Zunge
erlaubt, deren Schwingungen zu verändern;
falls das Wachs jedoch an die falsche Stelle
gerät, kann die Zunge an ihrem Rahmen hän-
genbleiben; um dies zu verhindern, wird sie
gekalkt. Nun gilt es aber nicht nur, alle Pfeifen eines Instruments (vornehmlich in
Quart- und Quintabständen) aufeinander
abzustimmen, sondern auch alle Instrumente
des Orchesters müssen harmonisch zusam-
menklingen. Und da die Mundorgeln vielleicht nur alle Jahre einmal benutzt werden,
sind unter Umständen nicht nur die Wachs-
verklebungen brüchig geworden, sondern

Bemalter Bourdon
(links).
Mundorgel mit aufge-
setzten Bourdons
(rechts).

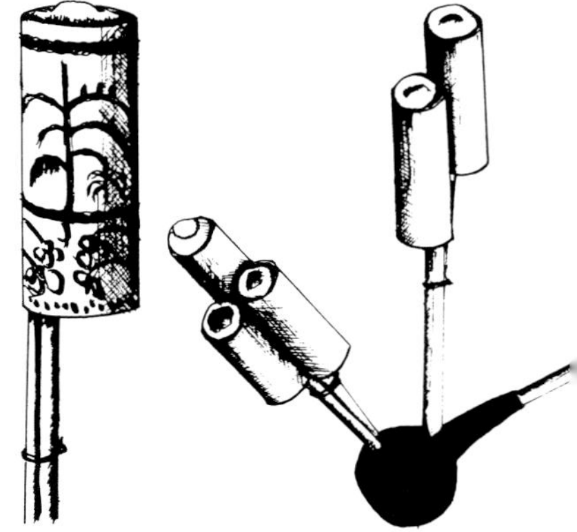

Zu kleinen Rinderfesten werden keine Mundorgeln geblasen. Immer nötig sind jedoch drei Tellergongs, eine Zimbel und eine Trommel. Sie sind, zusammen mit dem großen Gong, die eigentlichen Zeremonialinstrumente. Die zwei Steine am Fuß der Opferpfähle wurden bei früheren Festen gesetzt.

>

Um die ganz großen Mundorgeln spielen zu können, trägt man sie in einem über die Schulter geknoteten Tuch.

auch die Bambusrohre oder gar die Kürbiskalebassen, so daß die Instrumente zugleich repariert und zum Teil ganz neu hergestellt werden müssen; auch ändert sich mit der Zeit das Orchester, der eine oder andere junge Mann heiratet und scheidet damit aus. Dafür wächst Nachwuchs heran und will eingelernt werden. Und so wird Abend für Abend gestimmt und geprobt, bis man sich guten Gewissens hören lassen kann. Was nicht heißt, daß während des Festtanzes nicht doch wieder Reparaturen notwendig werden: durch die Bewegung beim Tanz lockert sich insbesondere bei den sehr großen Pfeifen leicht die Wachsverklebung an den Eintrittsstellen der Rohre in die Kalebassenschale, so daß die Luft dort vorzeitig entweicht. Von Zeit zu Zeit schert deshalb ein Spieler kurzfristig aus, um die Pfeifen wieder zu fixieren. Aber dafür spielt man auch, wenn es ein gelungenes Fest ist, Tag und Nacht, wobei sich Orchester aus verschiedenen Dörfern ablösen können.

Es gibt auch kleine Rinderfeste ohne Mundorgelorchester; immer nötig und auch das Mundorgelorchester begleitend sind drei Tellergongs, eine Trommel und eine Zimbel. Im Gegensatz zu den Mundorgeln, die nur von unverheirateten Männern gespielt werden, können diese Zeremonialinstrumente auch von älteren Männern geschlagen werden. Die Mundorgelspieler ziehen in offener Formation im Uhrzeigersinn um das im Zentrum angebundene Opfertier; den Männern gegenüber, in einer Reihe, sich an den Händen haltend und sich rückwärts bewegend tanzen die Mädchen, den Rhythmus mit ihren Fußspangen und umgehängten Münzketten verstärkend. Rhythmus und Tonabfolge bleiben sich über mehrere Runden gleich, werden jedoch eingeleitet und immer wieder unterbrochen durch kurze Perioden kleiner schneller Schritte und tütelnden Blasens. Die Orchester der Mru klingen alles andere als eintönig, aber auch ganz und gar nicht wie eine Gruppe europäischer Pfeifer oder Dudelsackspieler. Man hört sie in der

Nacht kilometerweit von Berg zu Berg, und aus der Ferne erinnern sie europäische Ohren am ehesten an – Kirchenglocken.

Kurz vor Beginn des Festes fällt den Männern des Dorfes, wie gesagt, noch eine weitere Aufgabe zu: die Bereitung des Festschmuckes. Je geopfertes Rind wird neben der Haustreppe ein großer Bambusmast aufgestellt, der das Hausdach weit überragt. Die unteren drei bis vier Meter des Mastes werden nicht speziell geschmückt, dann folgen auf anderthalb Meter Länge neun aus Bambusstreifen gedrehte Ringe, in die rundum Quastenstäbchen eingesetzt sind. Zur Herstellung dieser Quasten schabt man Bambusstäbchen an der Innenseite zur Knotenstelle hin auf; die Schmalseiten werden nur kurz angeschabt, so daß sich Röschen bilden. Über diesem Teil werden auf etwa vier Meter Länge die Zweige des Bambusmastes gekappt, und an ihrer Stelle werden Quastenstäbchen angebunden. Darüber bindet man ein über die Spitze des Bambus hinausragendes, fischgrätenförmiges Geflecht von mehreren Metern Länge, das sich nach der Aufstellung wieder der Erde zuneigt und am Ende eine große Quastenkrone trägt. Schließlich kann auf die oberste Stelle des sich zurückbiegenden Bambus noch eine aus Bambusspleissen verfertigte Nachbildung eines Nashornvogels gesetzt werden.

Ein weiteres zu allen Festen übliches Schmuckelement sind drei bis vier Meter hohe Bambusstangen, die mit Quasten geschmückt werden, zum Teil durch Aufschaben der Rinde, zum Teil durch Einsetzen von Quastenstäbchen. Zwei Stangen dieser Art werden neben dem Pfahl eingegraben, der in der Mitte des Dorfplatzes gesetzt und an den das Opfertier angebunden wird. Für jedes Rind muß ein solcher Pfahl gesetzt werden: er bleibt nach dem Fest stehen, und gelegentlich kommt es auch vor, daß er wieder ausschlägt und zu einem Baum wird. Die Opferrinder werden meist nicht nur einfach angebunden, sondern auch noch mit einem Gehege umgeben, und je nach der Größe des

Für die Mru ist Bambus lebenswichtig. Auch in ihren künstlerischen Aktivitäten konzentrieren sie sich auf dieses Material, so daß man von einer regelrechten Bambuskunst sprechen kann. Die Krone des großen Mastes, der an der Treppe des Festgeberhauses aufgestellt wird, besteht bei den Rümma-Mru aus vier an einem Ring befestigten Bambusquasten.

Der mit Quastenringen versehene untere Teil des großen Mastes, der an der Treppe des Festgeberhauses aufgestellt wird. Falls sich für den Mast kein Bambus genügender Länge findet, muß er aus zwei Teilen zusammengesetzt werden.

Bambusstäbe von zwei Internodien Länge werden zu beiden Knotenstellen hin zu langen Quasten geschabt, die Zwischenlängen erhalten kleine Kräuselknospen. Diese «Blumen», hier zunächst in einem Köcher versammelt, werden später in das Rohr des großen Festmastes eingesetzt.

>
Ein Mann bereitet das Geflecht in Fischform, an dem die Krone des Festmastes gehängt wird.

231

Festes erhebt sich über dem Gehege eine mehr oder weniger ausladende und reich mit Quasten und geschnitzten, rotgefärbten Holzspitzen geschmückte offene Überdachung aus Bambusstangen. Schließlich wird an einer Seite des Festplatzes noch ein (zum Teil ebenfalls quastengeschmückter) Ständer für den großen Gong aufgerichtet. In seiner unmittelbaren Nähe werden die Biertöpfe für die Tänzer aufgestellt. In einigen Dörfern wird auch die gegenüberliegende Seite des Platzes markiert, indem man dort weitere Krüge aufstellt, die dann den Tänzerinnen zugeordnet werden. Die Idee ist, daß die Mädchen die jungen Männer (wie diese umgekehrt die Mädchen) zum Trinken an ihren Biertöpfen auffordern – für gewöhnlich fordern jedoch nur die jungen Männer, die dem Alkohol wesentlich mehr zusprechen, die Mädchen auf.

Neben dem Gongständer errichtet man einen Miniaturaltar, bedeckt mit einem Stück Bananenblatt, auf das etwas Reis und Wildingwer gelegt wird. Dazu kommen vier kleine Bambusköcher, deren Unterteil schwalbenschwanzförmig zugeschnitten ist, so daß man sie in die Erde hauen kann, und die mit *hom-noi* (Wasser, etwas gekochtem Reis, zerstossenem Ingwer und Gelbwurz) gefüllt werden. Schließlich bedarf es noch eines kleinen runden Topfes, in dem sich ebenfalls *hom-noi* befindet (zum Teil müssen es auch zwei oder vier Töpfe sein). Das erste Tier, das zum Fest getötet wird, und zwar im Haus des Festgebers, ist ein kleines Huhn. Erst danach dürfen die zeremoniellen Musikinstrumente (Tellergongs und Trommel und, je nach Gegend, Festart und Verfügbarkeit, auch der große Gong, eine kleine Zimbel und drei mit speziellen Palmwedeln verzierte *tu*-Pfeifen) aus dem Hause auf den Platz heruntergebracht werden. Das Huhn wird gekocht, mit etwas gekochtem Reis in ein Bananenblatt gewickelt, ebenfalls auf den Zeremonialplatz gebracht und dort später von Kindern aus dem Festgeberhaus gegessen. Zuvor wird ein Flügel des Huhns abgetrennt, der Festgeber oder einer seiner Helfer streicht ihn über den Kopf des Opfertieres und berührt damit den Bambusmast an der Treppe. Ehe die Instrumente zu spielen beginnen, werden sie mit etwas *hom-noi* aus dem Töpfchen bespuckt, dann folgen acht Umkreisungen, zu denen die Instrumente in einem harten Rhythmus zu schlagen sind. Diesen acht Umkreisungen entsprechen acht *tu*-Verse, auch wenn diese Instrumente gar nicht geblasen, sondern nur mitgetragen werden oder gar, weil sie z. B. nur ab einer bestimmten Festgröße zugelassen sind, nicht benutzt werden dürfen. Nach dieser Eröffnung wechselt der Rhythmus und der Festtanz mit den Mundorgeln kann beginnen.

Sollen die *tu* geblasen werden, braucht man einen Meister *(sra)*, der die Verse kennt. Dem *sra* kann auch die Aufgabe zufallen, alle Zeremonien zu leiten und die Festhelfer auszusuchen. Deren sind es meist zwei, oder pro geopfertem Tier (Rind oder Büffel) zwei. Zur Auswahl der Helfer legt der *sra* etwas enthülsten Reis auf eine Bambuslatte, hält sie übers Feuer und fragt, ob der als Helfer in Aussicht Genommene geeignet sei. Bleibt der Reis so, wie er lag, so ist der Betreffende tauglich, rutschen oder fallen die Körner, kommt er nicht in Frage. Als Entlohnung für seine zukünftige Arbeit erhält jeder Helfer (es müssen immer Männer sein) vom Festgeber gleich nach seiner Wahl eine Flasche Schnaps, die er in Gemeinschaft mit den Leuten des Festgebers alsbald zu trinken hat. Die Wahl findet am Vorabend des Festes (d. h. vor dem Anbinden der Rinder auf dem Festplatz) statt; danach dürfen die Helfer während 4 Tagen keinen Schnaps mehr trinken; auch sind ihnen Öl, Gewürze und jede Art Beispeise zum Reis verboten, mit Ausnahme von Opfertierfleisch, Salz und Ingwer. Auch haben sie sich während dieser Zeit des Geschlechtsverkehrs zu enthalten. Zur Beseitigung des Verbotes nach Abschluß des Festes werden saure Blätter mit ein bis zwei Garnelen in einem Bambusköcher gestampft und gekocht und dann den Helfern auf Finger- und Zehennägel gestrichen.

Oben:
Neben dem Altärchen und den vier Schwalbenschwanzbambus essen die Enkelsöhne des Festgebers das Huhn, das zu Beginn des Festes speziell zubereitet wurde. Im Vordergrund das Töpfchen mit *hom-noi* (Reiswasser), eine Wasserflasche zum Nachschütten und, auf dem umgekehrten Standkörbchen, ein Eisenpfeil, der, obschon nicht weiter benutzt, unbedingt dazugehört.

Unten:
Rinderfeste der Rümma-Mru: Während der ersten acht Umkreisungen gesellen sich zu den drei Tellergongs und der Trommel auch drei *tu*, die mit Bambusquasten und Palmwedel geschmückt sind, jedoch nicht geblasen werden.

Zwei junge Männer schaben mit dem Haumesser die Rinde des Bambus zu Quasten. Die beiden Knaben stellen Fadenkreuze her.

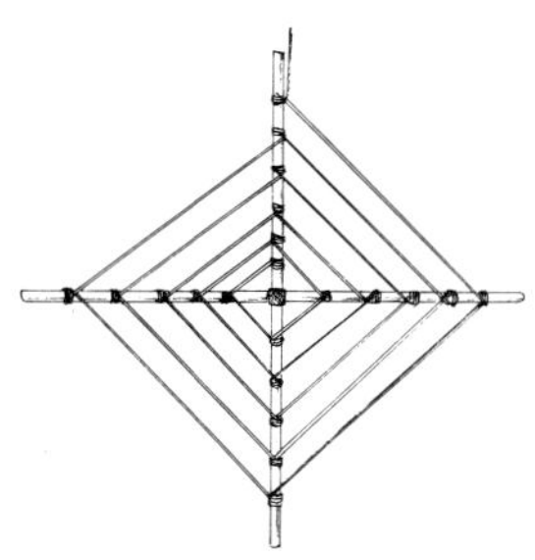

Fadenkreuze aus roten und schwarzen Baumwollfäden vertreiben die bösen Geister (ca. 10 × 10 cm).

>
Randstück aus einem sich über den Festplatz erhebenden Gestänge aus Bambus: lange Quasten, Bögen mit Kräuselknospen und, oben eingesetzt, geschnitzte Holzspitzen.

Opferrindern, dann allen Teilnehmern (auch den Schlafenden) etwas auf die Stirn getupft. Die ‹schmutzige Medizin› braucht man bereits, wenn man den Baum für den Anbindepfahl schlägt. Der Stamm wird mit Hühnerblut und Medizin benetzt. Nachdem der Pfahl auf dem Dorfplatz aufgestellt worden ist, wird er nochmals mit Medizin bespritzt, desgleichen der Bambusmast an der Treppe und die kleinen Schwalbenschwanzbambus mit *hom-noi* am Trinkplatz.

Schließlich braucht man diese ‹Medizin› wiederum, wenn die Helfer am dritten Tag des Festes am Bach für jedes geopferte Rind einen Stein holen. Als Gegengabe für die Steine deponiert man an der Stelle, an der sie entnommen werden, etwas gekochten Reis, etwas Rinderhirn, etwas abgesaugtes Bier

Zu den Aufgaben der Helfer gehört vor allem die Betreuung der Gäste und die Mithilfe im Festgeberhaus. Für die Dauer ihres Amtes können sie auch, auf Anweisung des Festgebers, das *kimma* (den sonst für Fremde nicht zugänglichen Teil des Hauses) betreten, um dort z. B. Speere oder Tücher, die als Geschenke gebraucht werden, zu holen oder die Geisterhappen *(köm-pot)* zu verteilen. Sie müssen bei allen größeren Zeremonien helfen; sie sind es auch, die die Tiere töten (obschon der Festgeber dies auch selber übernehmen kann). Sofern zum Fest auch zwei Arten von ‹Medizin› bereitet und ausgeteilt werden, ist auch dies die Aufgabe der Helfer. Etwa ein Dutzend Arten wildwachsender Pflanzen werden gesammelt und in zwei Bambusköchern mit Wasser zerstoßen. Ein Schwein und ein Hund werden getötet; in den einen Köcher wird etwas Schweineblut getropft (das ergibt die ‹saubere Medizin›), in den anderen etwas Hundeblut (das ergibt die ‹schmutzige Medizin›). In beide Köcher wird ein am vorderen Ende mit Baumwolle umwikkeltes Stäbchen getaucht, das als Pinsel dient. Nur die Helfer dürfen die ‹Medizin› austeilen. Von der ‹sauberen Medizin› wird in der ersten Tanznacht dreimal zunächst den

und etwas Schnaps; in anderen Dörfern genügen Rinderblut und Dung. Die Steine werden am Fuß der Anbindepfähle eingegraben, rechts und links flankiert von den Unterkiefern der Opfertiere. Der Flußgeist wird schon vor Beginn des Festes informiert: noch am Nachmittag des ersten Tages, vor Tanzbeginn, stellt ein Helfer am Bach ein Quastenstäbchen auf und läßt das Blut eines Huhnes darüber austropfen. Zu großen Festen kann man an eben dieser Stelle und zur gleichen Zeit, an einem kleinen aus Bambus errichteten Altar, auch dem Berggeist ein Opfer bringen, und zwar eine Ziege oder gar ein eigenes Rind; die hier geopferten Tiere müssen geschächtet werden, im Gegensatz zu den auf dem Festplatz am Opferpfahl angebundenen, die nie geschächtet werden dürfen, sondern mit dem Speer erstochen werden.

Das Anbinden der Tiere am Opferpfahl auf dem Festplatz geschieht ohne Zeremonien. Man zurrt sie mit der Kopfplatte gegen den Pfosten; Büffeln bindet man noch zusätzlich die Hinterbeine zusammen und schiebt ihnen Querstangen als Stützen unter den Körper; meist knacken diese Stützen jedoch zusammen, wenn die Tiere sich nicht mehr auf den Beinen halten können. Sie bekommen bis zur

Opferung nichts zu fressen, doch läßt man sie saufen und übergießt sie mit Wasser. Nachts werden den Tieren Decken übergelegt, obschon dieses Wärmen zum Teil nur andeutungsweise geschieht; auch dem Pfosten wird die Decke kurz umgelegt. Ein oder auch mehrere Büffel können nicht allein geopfert werden, es bedarf noch wenigstens eines Rinderkälbchens, das als ‹Kopfkissen› der größeren Tiere bezeichnet und als erstes getötet wird.

Nachdem am ersten Tag die Tiere angebunden und dann in der Nacht immer wieder umtanzt wurden, werden sie am zweiten Tag morgens geopfert. Erneut werden, nach Bespucken mit *hom-noi* aus dem Töpfchen am Gongständer, Trommel und Tellergongs geschlagen und gegebenenfalls die *tu* geblasen, diesmal für achtzehn Umkreisungen. Alle Mitglieder der Festgeberfamilie kommen zum Opferplatz, saugen etwas *hom-noi* aus dem runden Töpfchen und spucken es am Anbindepfahl wieder aus. Zugleich, oder während des wiederum anschließenden Tanzes der jungen Leute mit den Mundorgeln, umkreisen jetzt auch ein paar alte Frauen das Gehege, sich langsam an ihm entlangtastend. Unterdessen bringt der Helfer aus dem Haus des Festgebers einen Speer, dazu ein Bana-

234

Die abgeschnittene Zunge des Opferrindes wird auf dem Opferpfahl befestigt.

nenblatt mit enthülstem Reis und Wildingwer, von dem er sechsmal etwas über das Tier wirft, während er die Geister anruft. Dann stößt er den Speer dem Opfertier von rechts her in die Rippen. Das Tier bricht ohne einen Laut zusammen und verendet; man zieht ihm die Zunge aus dem Maul, schneidet den vorderen Teil ab, während ein anderer Helfer Wasser über die Schnauze schüttet, und nagelt die Zungenspitze mit einem Bambuspfriem auf den Opferpfahl. Auf die rechte Seite des größten geopferten Tieres wird, nahe bei der Einstichwunde, ein kastriertes Ferkel gelegt und, nachdem Reis und Wildingwer über es geworfen wurde, mit einem Spieß ebenfalls von rechts her erstochen. Die anderen Opfertiere werden mit diesem Ferkel nur berührt, es gilt als ihr Helfer. Als Begründung dafür, daß dem Opferrind die Zunge abgeschnitten wird, gibt es eine Geschichte, die, im Gegensatz zu den *tu*-Versen, jedem Kind bekannt ist: Als Gott die Welt einrichtete, sandte er das Rind aus, um allen Völkern die Regeln ihrer Lebensführung zu bringen. Zuerst kam es zu den Bengalen und ließ sie alles wissen, unter anderem auch, daß sie jährlich einmal jäten und dreimal ernten sollten. Dann stieg es den Berg hinauf und hatte die Schriftrolle für die Mru im Maul. Aber es wurde Mittag und heiß, das Rind wurde hungrig und durstig und bewegte seine Zunge im Maul herum, und schon hatte es die Schrift verschluckt. Als es schließlich zu den Mru kam, berichtete es ihnen, sie sollten dreimal jäten und einmal ernten. Unzufrieden mit diesem Bescheid gingen die Mru zu Gott und beklagten sich. Er zitierte das Rind, und das mußte zugeben, daß es die richtige Botschaft verschluckt und die falsche ausgerichtet hatte. Gott wurde ärgerlich und schlug dem Rind ins Maul, so daß ihm bis heute die oberen Vorderzähne fehlen. Den Mru gebot er, das Rind an einen Pfosten zu binden, es zu umtanzen und schließlich zu töten, seine Zunge abzuschneiden und auf den Pfosten zu nageln. In seinem Bauch würden sie noch das Buch finden, das er ihnen zugedacht hatte (den Blättermagen) – aber im übrigen war an der einmal ausgesprochenen Regel nichts mehr zu ändern; es blieb bei dreimal jäten und einmal ernten.

Geschichten über die, im Gegensatz zu den literaten Bevölkerungen der Ebene, verlorene Schrift finden sich auch bei anderen Bergvölkern Südostasiens, und die Mru-Version ist zwar eine gern erzählte Geschichte, doch entspricht sie nicht ganz dem Geist des Rinderfestes. Nicht nur werden die Opfertiere, vor und zusammen mit den Menschen, mit sauberer Medizin betupft, man wärmt sie auch nachts und gibt ihnen in den Tod einen Begleiter mit. Das über das Maul gegossene Wasser ist ein letzter Trank, zuvor läßt man sie von alten Frauen feierlich umschreiten, und wenn das tote Tier von den jungen Männern am Anbindeseil gepackt und zum Haus des Festgebers hin abgeschleppt wird, wo man es auf der offenen Plattform zerlegt, wird es von den tanzenden Mädchen eskortiert. Es soll sich über schlechte Behandlung nicht beklagen können; im einfachsten Fall ist das Rind ja ein Krankenopfer, das die bösen Geister den Menschen gegenüber wohlgesinnt stimmen soll. Während des Abschleppens können noch die ‹Rinderschwanzzieher› in Aktion treten: es sind Leute der *tutma* oder *pen*, das heißt der Schwagersippen des Festgebers, die sich dem Abschleppen widersetzen, indem sie entweder tatsächlich den Schwanz des Tieres ergreifen und in die Gegenrichtung ziehen, oder indem sie sich auf das Tier setzen, bis der Festgeber das Tier ‹freikauft›, indem er ihnen (als *pen*) einen neuen Turban oder (als *tutma*) einen Speer überreichen läßt und sie mit Schnaps versorgt.

Bei großen Rinderfesten werden, wie gesagt, die *tu* geblasen, die sonst nur noch zu Totenfesten Verwendung finden. In den *tu*-Versen erscheinen den Geistern die Menschen beim Tanz als Vögel und die Opferbüffel als Fische. Die Kronen der großen Maste am Festgeberhaus hängen an einem ‹Fischgeflecht›, und obenauf sitzt oft ein ‹Nashornvogel›. In einer nur einigen Meistern der alten Lieder bekannten Erzählung über die Entstehung der Rinderfeste ist der Vogel auf dem Bambusmast der (im Laufe der Vorgeschichte) in einen Vogel verwandelte Bruder des Festgebers. Dieser selbst kommt zu seinem Reichtum, indem er mit einem Fischnetz einen Unhold, einen ‹Geisterfürsten›, fängt, der Menschen, Haustiere und ganze Dörfer fraß. Er tötet ihn, zerlegt ihn und verteilt (nach Anweisung des Getöteten) sein Fleisch so, wie man noch heute die *köm-pot* verteilt, und unter ständigem Schlagen der großen Trommel erscheint all das wieder, was der ‹Geisterfürst› einst verzehrte. Aber das ist nicht alles: unser Festgeber heiratet zuvor die Enkelin dieses Herrschers, der mithin sein *tutma* ist. Von den *tutma* (den ‹Vorfahren›) erhält man Fisch; sie erhalten von ihren *pen* (‹Nachkommen›) Vögel (in Form von Hühnern); in unserer Geschichte ist die Nehmerseite die der Vögel/Menschen, die Geberseite die der Fische/Opferbüffel.

Der wichtigste *tutma*-Verwandte, der Mutterbruder des Festgebers wird nicht nur eingeladen, sondern auch durch einen Sendboten abgeholt. Vor dem Eingang zum Dorf des Festgebers macht er halt, der Bote läuft ins Dorf und kündigt den Gast an. Mit wenigstens einer Flasche Schnaps begibt sich der Festgeber zum Dorfeingang, um den Gast, unter Umständen unter Gewehr- und Böllerschüssen, zu bewillkommnen. Die Getränke gehen rundum, und erst wenn sie ausgetrunken sind, begibt man sich heiterer Stimmung ins Festgeberhaus, wo inzwischen Huhn und Reis bereitet wurden. Dann wird ein großer Biertopf aufgestellt und ‹angestochen›; nachdem der Ehrengast getrunken hat, lädt er seinerseits Männer, denen er sich besonders verbunden fühlt, zum Trinken an diesem Krug ein; dann steht es jedermann frei, dort zu trinken.

Aber auch andere Verwandte, die zu dem Festgeber in einem engen Verhältnis stehen, werden besonders eingeladen, um am Abend

> Das Rind soll zum Zerlegen ins Festgeberhaus gebracht werden, doch ein Rinderschwanzzieher versucht das zu verhindern.

>> Zwei Rinderschwanzzieher haben sich auf dem toten Rind niedergelassen und warten, daß der Festgeber es auslöst. Kommt er bald und bringt ihnen die Stoffbahnen für einen neuen Turban nebst einer Flasche Schnaps?

< Aus Bambusstreifen geflochtene Nashornvögel auf dem Fischgeflecht des Festmastes am Haus des Festgebers.

> Großes Verdienstfest der Anok-Mru: Unter dem Schmuckaufbau sind im Gehege zwei Opferbüffel angebunden. Tänzerinnen und Mundorgelspieler umkreisen die Tiere immer wieder im Uhrzeigersinn. Kommen Tanzgruppen aus mehreren Dörfern, lösen sie sich meist ab. Hier jedoch konzertieren 3 Gruppen gleichzeitig.

des Opfertages (oder auch erst anderentags) an einem zeremoniellen Austausch teilzunehmen. Wer als *tai-nau* (Brudersippen-Verwandter) kommt, bringt dem Festgeber einen Bierkrug mit; anläßlich der Austauschzeremonie erhält er jetzt seinerseits einen Bierkrug vorgesetzt und dazu etwas Geld, das er erst zurückbezahlt, wenn er selbst ein Fest gibt. Die am Austausch teilnehmenden *tutma*-Verwandten erhalten, außer einem Bierkrug (für jede Sippe ist wenigstens einer nötig) einen Speer, für den sie später, je nach Wert, mit Tuch zu zahlen haben. Sodann erhalten *tai-nau* und *tutma* besondere Stücke vom Fleisch der geopferten Rinder oder Büffel geschenkt, um sie mit nach Hause zu nehmen. Außer Opfertierfleisch muß man den *tutma*, wie immer, Hühnerfleisch vorsetzen. Einen Teil der Hühner bringen dem Festgeber seine *pen*-Verwandten mit, und wer von den *pen* seine besondere Verbundenheit beweisen will, schenkt dem Festgeber noch einen Speer, für den er dann den Gegenwert in Form eines neuen Turbans erhält.

Den Männern, die den Festschmuck bereiten, hat der Festgeber alsbald ein großes Schwein zu stiften. Dieses Schwein ist jedoch nicht nur eine Bezahlung für die Arbeit, sondern zugleich ein Opfer an die Geister für den Festschmuck. Zum symbolischen Schutz vor schlechten Einflüssen kann man an der Treppe des Festgeberhauses auch Fadenkreuze aufhängen, eine Art kleine Spinnennetze aus roten und schwarzen Baumwollfäden. Bei den Dopreng-Mru, die zum Fest das Haus des Festgebers durch Einziehen und Anbringen besonders dekorierter Bambusstangen oder Bänder ‹renovieren›, ist dafür auch noch ein Hund zu opfern. Auch er wird ausgenommen, abgesengt, zerschnitten, mit Gewürzen gekocht und schließlich verzehrt. Etwas von dem gekochten Fleisch des Schweines und des Hundes muß jedoch auch in ein Bananenblatt gewickelt am Fuß des Opferpfahls niedergelegt werden. Für die Zubereitung der großen Mengen verschiedenen Fleisches reichen die Herdstellen des Festgeber-

hauses verständlicherweise nicht aus. Im Haus kocht man nur den Reis; für das Fleisch hingegen werden im Freien ganze Herdreihen derart errichtet, daß man Gräben aushebt, über die große flache Eisentöpfe zu stehen kommen. Im Gegensatz zum Alltag, wo Kochen vorwiegend Aufgabe der Frauen ist, ist die Fleischzubereitung an Festen ausschließlich Männerangelegenheit. Das Aus-

teilen des Fleisches gehört zu den Aufgaben der Festhelfer.

Werden mehrere Rinder oder gar Büffel geopfert, gibt es dementsprechend viel Fleisch zu verarbeiten, weshalb man die Tiere nicht auf einmal tötet, sondern mit mehreren Stunden Abstand; die Zeremonien brauchen zwar nur einmal durchgeführt zu werden, aber die Mundorgeltänzer sind jedesmal wie-

Zum Abschluß des Opferfestes bindet der Älteste allen Familienmitgliedern einen Baumwollfaden ums rechte Handgelenk. Auf der runden Flechtwanne eine Tasse mit Bier, Ingwerstückchen und der kleine Flaschenkürbis, mit dem die Seele gerufen wird; daneben ein Schälchen mit Reismehl.

Männer beim Zubereiten des Festmahles.

der dabei. Sie umtanzen auch noch das leere Gehege. In einigen Gegenden ziehen sie zum Abschluß des Festes in das Haus des Festgebers. In der Mitte des *kim-tom* stehen hier die Bierkrüge; die Mädchen bilden einen Kreis und tanzen darum herum, die Mundorgelspieler tanzen innerhalb oder außerhalb des Kreises. An die Stelle des gewöhnlichen Tanzschrittes tritt jetzt ein möglichst kräftiges Stampfen, das den ganzen Fußboden erzittern läßt. Der Fußboden eines guten Mru-Hauses muß solcher Belastung gewachsen sein, hat der Festgeber nicht mehr volles Vertrauen in seine Stabilität, tut er gut daran, viele Bierkrüge aufzustellen und viele Gäste versammelt zu haben, so daß die jungen Leute nicht allzu wild umherspringen, sich vielmehr selbst alsbald zum Trinken niederlassen.

Am dritten Tag – oder in einigen Dörfern auch schon am zweiten, ehe etwas vom Fleisch der Opferrinder gegessen werden kann – erhält der Erdgeist eine Gabe. In ein rundes Körbchen werden etwas gekochter Reis und Teile von Leber und Darm des Opferrindes getan; ein Bambusköcher mit Schwalbenschwanz wird mit abgesaugtem Reisbier gefüllt; alle Familienmitglieder versammeln sich auf der offenen Plattform; jeder erhält etwas Reis und Fleisch zweimal in die linke und einmal in die rechte Hand, dazu etwas Bier in den Mund und wirft und spuckt dann beides zur Erde hinab. Das restliche Bier und etwas Schnaps werden ausgeschüttet, und schließlich wird das ganze Körbchen, zusammen mit etwas rohem Fleisch, gekochtem Fleisch und Asche aus einem Bananenblatt hinabgeworfen. Unter dem Haus balgen sich die Hunde um die Brocken; die Menschen verziehen sich ins Haus, um die Geister nicht beim Mahl zu stören.

Nachdem die Helfer die Steinsetzung am Opferpfahl vorgenommen haben, findet im Festgeberhaus jene Zeremonie statt, die auch kleine Feste beschließt: das Umbinden des Handgelenkes aller Familienmitglieder mit einem Faden. Zum Rinderfest muß er rot und schwarz gefärbt sein. Das Austeilen der Fäden übernimmt in der Regel ein alter *tutma*-Verwandter des Festgebers oder auch der *tu-sra*. Die Familienmitglieder versammeln sich um einen speziell für diese Zeremonie bereitgestellten Bierkrug, aus dem etwas Bier in ein Schälchen abgesaugt wird. Von diesem Bier nimmt der *sra* etwas in den Mund und sprüht es dem jüngsten Familienmitglied über den Kopf, dann bläst er sechsmal über einen kleinen Flaschenkürbis, in dem sich etwas unenthülster Reis befindet, schüttelt ihn und spricht ein Gebet, bindet den Faden um das rechte Handgelenk, spuckt wieder etwas Bier darüber und tupft schließlich eine Mischung aus Mehl und Gelbwurz auf die Stirn, das Brustbein und auf einen Rückenwirbel in Nierenhöhe. Dies wiederholt sich für jedes Familienmitglied. Im Gebet wird der Wunsch ausgesprochen, der Betreffende möchte nicht krank werden und in allen seinen Unternehmungen erfolgreich sein. Das Band darf nicht mutwillig entfernt werden; es macht aber nichts, wenn es sich noch vor Ende des Festes von selbst löst oder verloren geht. Anschließend werden auch noch die guten Geister bedacht. Kleine Teile von Leber, Darm, einer Schulter und einem Lauf der geopferten Tiere wurden aufgehoben und werden nun, nach Rind, Schwein und Huhn getrennt, in Bambusröhren gekocht, kleingeschnitten und mit etwas Reis und Ingwer in kleine Stückchen Bananenblatt gewickelt. Diese *köm-pot* werden an allen wichtigen Teile des Hauses verteilt, aber auch an die Opferpfähle, die gesetzten Steine und alle auf dem Festplatz benutzten Gerätschaften. Den Schädeln der Opfertiere widmen die Mru (im Gegensatz zu den Khumi und Bawm) keine spezielle Aufmerksamkeit; besonders schöne Exemplare können jedoch zur Erinnerung aufbewahrt werden.

Am letzten Tag werden zuerst die Helfer aus ihrem Speise- und Trinkverbot entlassen. Dann bringt man die für die zeremoniellen Umzüge gebrauchten Musikinstrumente auf die offene Plattform *(tsar)*, dazu auch den für das Fadenumbinden gebrauchten Biertopf, dessen Trinkmarke zuvor abgebrochen

wurde, und schließlich noch ein ohne jede Gewürzzugabe gekochtes Hühnchen. Die Festhelfer nehmen etwas von dem Hühnchen, saugen etwas Bier aus dem Topf und bewerfen und bespucken damit der Reihe nach alle Musikinstrumente, die währenddem gespielt werden. Nochmals nehmen die Helfer einen Mundvoll Bier und spucken damit links und rechts neben den Biertopf. Dann wird alles wieder ins Haus gebracht; es folgt der gleiche Ritus; und zum Abschluß führt ihn auch der Festgeber selber durch. Beim letzten Ausspucken links und rechts neben den Topf wird dem Durchführenden Wasser über Kopf und Nacken geschüttet, damit keine schlechten Einflüsse zurückbleiben. Die Instrumente werden ins *kimma* gebracht und dürfen bis zum nächsten Anlaß nicht mehr gespielt werden. Besonders geehrte Gäste werden nach Hause begleitet, die anderen sind inzwischen schon selbst wieder gegangen. Vom Fest kündet nur noch der Festschmuck, bis er während der nächsten Regenzeit verwittert. Dann bleiben als Erinnerung nur noch der Opferpfahl und an seinem Fuß der Stein als das Denkmal, das der Festgeber sich gesetzt hat. Vielleicht war es das letzte Fest, das er geben konnte. Das Alltagsleben geht weiter.

Nachwort

Das Alltagsleben geht weiter, aber es ändert sich, und nicht zum Besseren. Nicht nur nimmt die Ertragsfähigkeit des Bodens ab, von dem bereits zu viele Leute leben wollen, sondern der Boden selbst wird den Bergvölkern streitig gemacht. Mußten sie schon nach dem Dammbau im Chakma-Gebiet enger zusammenrücken, so zog die Regierung aus der Tatsache, daß in der Ebene immer noch 15mal mehr Menschen auf den Quadratkilometer kamen als in den Hill Tracts, den Schluß, daß da noch Reserven sein müßten für landlose Bengalen, allerdings ohne zu berücksichtigen, daß in den Bergen ganz andere Wirtschaftsbedingungen herrschen. Und so begann man schon 1960 in den Randgebieten mit zusätzlichen Einsiedlungen, obschon die Einwanderungspolitik erst 1964 durch Aufhebung der von den Engländern erlassenen Restriktionen gesetzlich abgesichert wurde. Im gleichen Jahr wurden die Hill Tracts für Ausländer zum Sperrgebiet erklärt. Die Tatsache, daß sich seitdem die Bevölkerung der Hill Tracts verdoppelt hat, scheint der Regierungsansicht über Landreserven recht zu geben. Ein Teil der zugezogenen Bengalen lebt jedoch in den Hauptorten und Marktflecken und ist nicht selbst in der Landwirtschaft tätig, sondern zehrt nur zusätzlich von den lokalen Ressourcen. Die einheimische Bevölkerung muß den Gürtel enger schnallen, um die ‹ungebetenen Gäste› mitzuernähren. Und wo Bauern eingesiedelt wurden, ging dies nicht ohne Vertreibung der hier bereits ansässigen Einheimischen. Am ehesten boten sich dazu die flachen Täler der mittleren und nördlichen Hill Tracts an; hinduistische Tipera und buddhistische Chakma verließen zu Tausenden ihr Heimatland und zogen nach Indien, Marma zogen nach Arakan und Burma.

Der erste größere Flüchtlingsstrom verließ die nördlichen Hill Tracts 1971, zusammen mit vorwiegend hinduistischen Bengalen aus der angrenzenden Ebene, die während des Unabhängigkeitskampfes Bangladeshs nicht nur die Pakistanische Armee, sondern auch ihre muslimischen Dorfnachbarn besonders fürchten mußten und zunächst bei den hinduistisch-buddhistischen Ethnien der nördlichen Hill Tracts Zuflucht suchten. Als das Eingreifen indischer Truppen der pakistanischen Herrschaft in Bangladesh ein Ende bereitete, wurden die während des Krieges geflohenen Bengalen zur Heimkehr in den nunmehr säkulären neuen Staat aufgefordert; die Rückgabe ihres Besitzes wurde ihnen versprochen; die Bewohner der Hill Tracts hingegen, deren gewählter Repräsentant, der Chakma-Chief, sich auf die Seite Pakistans geschlagen hatte, wurden als Kollaborateure verdächtigt. Gegen die muslimischen Bengalen, die sich in den Kriegswirren in ihren Dörfern niedergelassen hatten, waren sie machtlos. Die Suche nach Kollaborateuren lieferte paramilitärischen Einheiten den besten Vorwand, in den Bergen zu marodieren. Eine Delegation der Bewohner der Hill Tracts, die mit der neuen Regierung über die Wiederherstellung des 1964 abgeschafften Sonderstatus der Hill Tracts und einen Stop der Einwanderung verhandeln wollte, erhielt nur die Antwort, die ethnischen Identitäten hätten zu verschwinden, und wenig später begann die erste von der Luftwaffe unterstützte massive Invasion bengalischen Militärs in die Hill Tracts, um die Feinde des neuen Regimes zu zerschlagen. Sie erreichte mit ihren Massakern und Verwüstungen das Gegenteil, indem sich die Überzeugung durchsetzte, daß die Bevölkerung in den Dörfern von der neuen Regierung keine Hilfe erwarten könne und man sich selber helfen müsse. Vor allem unter den Chakma formierte sich eine Widerstandstruppe, genannt ‹Friedenskämpfer›, um die Interessen der einheimischen Bevölkerung zu verteidigen.

Der Niedergang der öffentlichen Ordnung in ganz Bangladesh führte zur Machtübernahme durch eine neue Militärregierung, die sich jetzt wieder betont muslimisch und antiindisch gab. Die Politik gegenüber den Wünschen der politischen Vertreter der Hill Tracts blieb zwar die gleiche, die antiindische Haltung der neuen Militärregierung nützte der Widerstandsbewegung in den Hill Tracts jedoch insofern, als sie jetzt Unterstützung aus Indien erhielt. Allerdings bilden die ‹Friedenskämpfer› keine geschlossene Front, sondern bestehen aus verschiedenen Fraktionen mit unterschiedlichen politischen Ausrichtungen und ethnischen Bindungen. Sie sind zum Teil zu Konzessionen bereit, zum Teil zum konzessionslosen Widerstand entschlossen und bekämpfen sich deshalb gelegentlich auch untereinander. Zudem gab es noch bengalisch-muslimische Widerstandsgruppen gegen die Militärregierung, die sich in die Hill Tracts zurückgezogen hatten; deshalb konnte man selbst im bengalischen Chittagonggebiet mißliebige Nachbarn als ‹Friedenskämpfer› denunzieren und damit rechnen, daß sie das Untersuchungsgefängnis nur als Krüppel wieder verließen. Schließlich bildeten die Hill Tracts aber auch ein Refugium für Angehörige der Mizo-Befreiungsfront, die in Assam gegen die indische Zentralregierung kämpften. Und so besannen sich die Inder inzwischen eines anderen: sie verstärkten die Kontrolle ihrer Grenzen zu den Hill Tracts, um so offiziell den Guerilla-Truppen, de facto jedoch vor allem den Flüchtlingen den Weg über die Grenze nach Indien zu versperren.

Doch immer wieder versuchen ganze Dörfer zu fliehen; denn schlägt die Guerilla irgendwo zu, verwüstet die bengalische Armee alle in der Nähe liegenden Dörfer, plündert die Häuser, vergewaltigt die Frauen, foltert, verstümmelt und tötet die Männer, deren sie habhaft wird. Allein 1981 sollen 10 000 Stammesangehörige getötet worden sein. Ziel dieses Terrors ist nicht nur, die Bevölkerung von jeglicher Unterstützung der Guerilla abzuschrecken, sondern auch ihr Überleben grundsätzlich in Frage zu stellen. Die bengalischen Neusiedler ihrerseits müssen befürchten, daß die Guerilla ihre Dörfer attackiert und sie wieder zu vertreiben versucht. Die Regierung antwortete mit dem bewährten Mittel der Errichtung sogenannter ‹strategischer Dörfer›. In diesen militärisch kontrollierten, inoffiziell Konzentrationslager genannten Dörfern dürfen die Einwohner nur nach gründlicher Durchsuchung und ohne Nahrung das Dorf verlassen, um den vorgeschriebenen Arbeiten nachzugehen. Jeder frei Umherlaufende muß damit rechnen, daß ihm nicht nur die Wegzehrung, sondern auch Padi, Salz, Medizin und alles Geld abgenommen werden. Dennoch versteht es die Guerilla zu überleben. Mit ihren Zielen der Wiederherstellung der Freiheit und Sicherheit der einheimischen Bevölkerung, der Errichtung einer eigenen Verwaltung und der Gewinnung eines autonomen Status für die Hill Tracts mag ein Großteil der Bevölkerung einiggehen, doch scheint die Lage dieser ‹Friedenskämpfer›, die vielleicht 5 000 Mann umfassen mögen, denen das Zehnfache an bengalischem Militär und Polizei gegenübersteht, eigentlich aussichtslos.

Aber ihre Bekämpfung kostet den Staat unverhältnismäßig viel, und er müßte sich vielleicht zu einer billigeren Lösung, d. h. einem friedlichen Arrangement, bequemen, wäre da nicht die internationale Entwicklungshilfe, mit der nicht nur die ständig wachsende Armee finanziert und für die Bekämpfung von ‹Aufständischen› besonders ausgerüstet und ausgebildet wird, sondern mit deren Geldern auch strategische Allwetterstraßen durch die unwegsamen Hill Tracts gebaut wurden, um sie besser zu ‹erschließen›. Australien suspendierte seine Hilfe

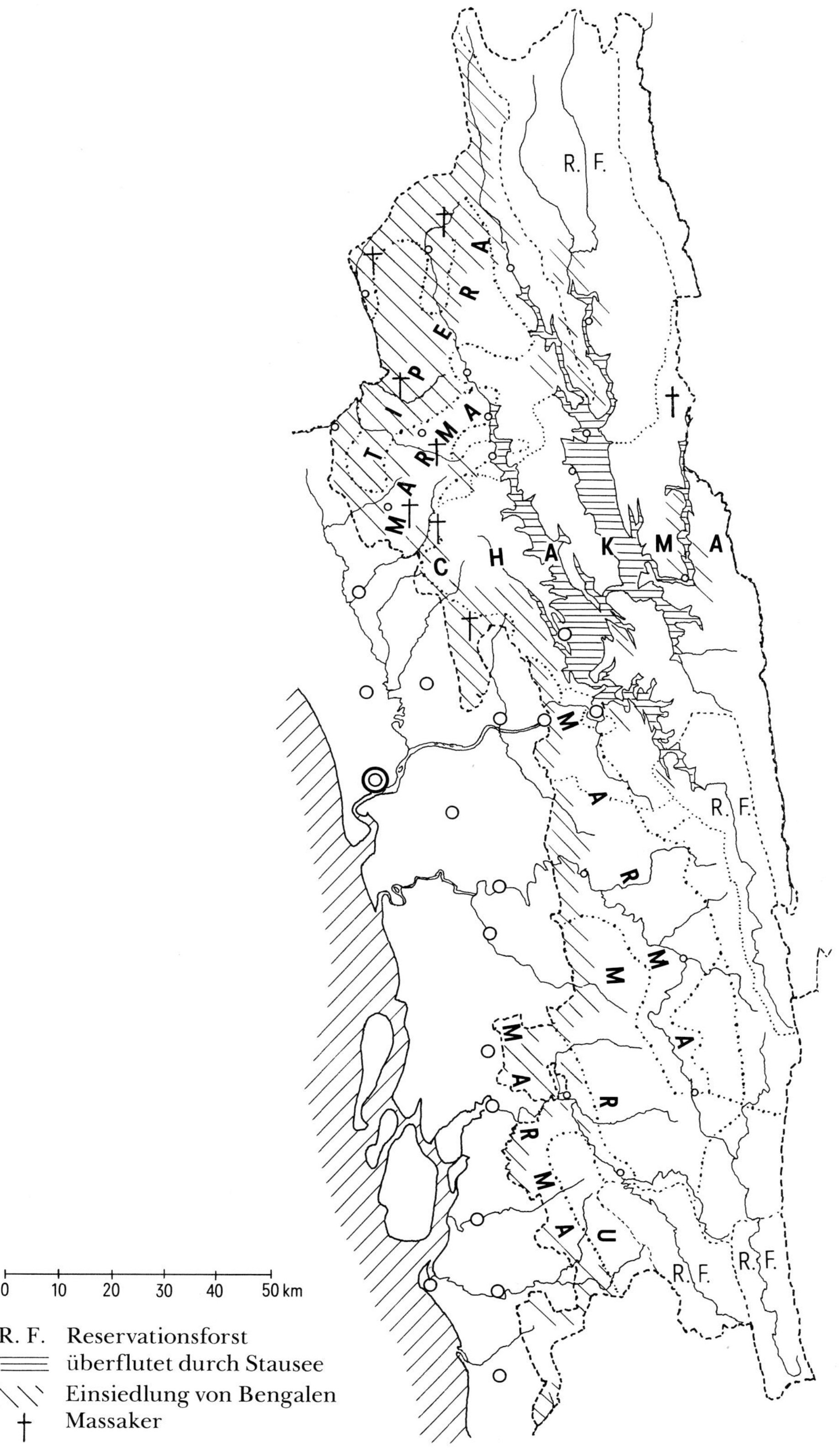

R. F.   Reservationsforst
≡   überflutet durch Stausee
⧵⧵   Einsiedlung von Bengalen
†   Massaker

eine Zeitlang, da die Regierung den Schutz der Bergbevölkerung nicht garantieren wollte. Auf eine entsprechende Zusage hin wurde die Hilfe aber wieder aufgenommen. Irgendwelche Einheimische, die im eigensten Interesse den ausländischen Vertretern bestätigen, wie schön und gut alles sei, lassen sich immer finden. Auch ist es pure Augenwischerei, Projekten, die allzu offenkundig dem Völkermord dienen, die Unterstützung zu versagen und dafür andere Projekte zu finanzieren, aus denen dann die Regierung die eigenen Mittel abziehen kann, um mit ihnen die Vernichtungspolitik fortzusetzen. Die einzig vertrauenswürdige Zusage wäre, die Hill Tracts internationalen humanitären Organisationen und regierungsunabhängigen, ausländischen Sozialwissenschaftlern wieder frei zugänglich zu machen, doch seit nunmehr über 20 Jahren durften nur wirtschaftlich-technische Entwicklungsexperten mit Regierungsauftrag die Hill Tracts besuchen, z. B. die Vertreter der Shell Oil Company, um nach Öl zu forschen.

Bereits 1964 bestellte die (damals noch pakistanische) Regierung ein internationales Experten-Team, um die optimale Landnutzung der Hill Tracts zu erforschen. Diese Experten fanden sehr richtig heraus, daß das traditionelle Schwendbausystem bestens an die lokalen Bedingungen angepaßt war, aber auch, daß die derzeitige Bevölkerung damit bald nicht mehr zu ernähren sei. Sie schlugen deshalb vor, den traditionellen Feldbau völlig abzuschaffen, das Land primär zur Forstproduktion zu benutzen und die Bevölkerung als Waldarbeiter oder in ‹anderen Entwicklungsindustrien› zu beschäftigen. In einer ersten Versuchsgegend wurde den Leuten die Feldbestellung verboten, sie mußten statt dessen nach Anweisung der Forstbehörden (nebst schnell wachsenden Hölzern) Bananen, Ananas, Cashew-Nüsse, Guaven, Papaya und Citrusfrüchte anbauen. Nach ein paar Jahren sollten sie damit, nach offizieller Rechnung, gute Einkommen erzielen; inzwischen aber fehlten die Absatzmärkte, die Leute hungerten und hatten kein Geld, sich Reis zu kaufen. Wer immer konnte, verließ das kontrollierte Gebiet und machte sich auf die Suche nach einer neuen Existenzmöglichkeit. Durch die Masseneinsiedlung von Bengalen bleibt der verdrängten einheimischen Bevölkerung jedoch kaum noch eine andere Wahl, als sich «rehabilitieren» zu lassen. Dabei werden bis zu 60 Familien unterschiedlicher ethnischer Herkunft in einem Dorf zusammengezogen (so lassen sich die kulturellen Eigenheiten am leichtesten beseitigen), mit maximal zwei Hektar Land versorgt und zu den neuen Anbaumethoden verpflichtet. Mit Hilfe von Milliardenkrediten der Asiatischen Entwicklungsbank soll die Neuordnung in den nächsten Jahren in den ganzen Hill Tracts verwirklicht werden. Die Folgen sind bereits abzusehen: wer nichts mehr zu essen hat, verpfändet seinen Boden an einen Geldleiher und wird über kurz oder lang zum landlosen Taglöhner.

Für die bengalischen Einsiedler sind die breiten Täler im Norden und die Umgebung des Stausees zwar angenehmer als die steilen Berge des Südens, aber da die «Friedenskämpfer» vorwiegend im Norden aktiv sind und die Regierung an einer Bengalisierung der ganzen Hill Tracts interessiert ist, werden inzwischen auch die südlichen Täler zum Einsiedlungsgebiet. Daß auch die Mru von dieser Entwicklung nicht verschont bleiben, zeigt sich nicht nur darin, daß auch durch das Mru-Gebiet zwei strategische Straßen gebaut und in den Tälern der südlichen Flüsse ebenfalls starke Armee-Einheiten plaziert wurden, so daß in den umliegenden Dörfern das Leben nicht mehr sicher ist, sondern vor allem auch in der zwangsweisen Räumung ganzer Areale durch das Militär. So mußten im Januar 1983 die Anok-Mru dreier an die Chittagong-Ebene angrenzenden Mouza ihre Dörfer entschädigungslos verlassen, um Bengalen Platz zu machen.

Warum sollte eine Regierung, die jedes Jahr eine Hungerkatastrophe für 100 Millionen befürchten muß, einer ungeliebten Minorität von ein paar Tausend ‹unzivilisierten› Leuten helfen, zu überleben? «Wir wollen das Land und nicht die Leute», soll ein hoher Militärbeamter gesagt haben. Es kann sich nicht um die natürlichen Ressourcen (wie Erdgas und vielleicht Erdöl) und auch nicht um die Forstprodukte handeln, denn die kann die Regierung auch mit ‹den Leuten› nutzen. Vielmehr geht es um Land für immer mehr Bengalen. Und der Widerstand gegen die bengalische Expansion kann mit Terror zwar unterdrückt, aber nicht eher beseitigt werden, als bis die ganze einheimische Bevölkerung weitgehend vernichtet oder vertrieben ist. Daß sich mit dieser Endlösung für die nichtmuslimische Bevölkerung der Hill Tracts zugleich die Probleme Bangladeshs lösen ließen, wird wohl niemand glauben. Sicher ist jedoch, daß die Regierung Bangladeshs ohne ausländische Hilfe nicht überleben könnte. Wäre es zuviel verlangt, als kleine Gegengabe zu fordern, daß sie die in den Hill Tracts beheimateten Menschen überleben läßt? Konkret: daß sie ihren Militär- und Polizeiterror einstellt, statt dessen den Ethnien eine Selbstverwaltung zugesteht, ihnen gestattet, ihr Land und ihre Reserven auch selber zu nutzen, und daß sie schließlich, statt ‹Entwicklungsprojekte› zur Vernichtung der traditionellen Kulturen und Ethnien durchzuführen, Projekte, wenn schon nicht unterstützt, dann doch wenigstens nicht behindert, die den Interessen der einheimischen Bevölkerung entsprechen und ihnen einen annehmbaren Weg in die Zukunft erschließen?

Literaturverzeichnis

Für diejenigen Leser, die mehr über die Chittagong Hill Tracts erfahren möchten, seien hier einige bibliographische Hinweise gegeben.

Aggavamsa Mahathera. 1981. Stop Genocide in Chittagong Hill Tracts (Bangladesh). Calcutta.

Ahmad, N. 1958. An Economic Geography of East Pakistan. London.

Ahmad, N./Rizvi, A. I. H. 1951. ‹Need for the Development of Chittagong Hill Tracts›. Pakistan Geographic Review 6,2: 19–24.

Anti-Slavery Society.1984. The Chittagong Hill Tracts – Militarization, Oppression and the Hill Tribes. (Indigenous Peoples and Development Series 2). London.

Ba Myaing, U. 1934. ‹The Northern Hills of Ponnagyun Township›. Journal of the Burma Research Society 24: 127–148.

Ba Thin, U. 1931. ‹The Awa Khamis, Ahraing Khamis, and Mros in the Chin Hill Area (Saingdin) Buthidaung Township›. Census of India 1931, vol. 11, 1: 248–256.

Barbe, M. 1845. ‹Some account of the hill tribes in the interior of the district of Chittagong›. Journal of the Asiatic Society of Bengal 14,1: 380–391.

Bernot, D. 1958. ‹Rapports phonétiques entre le dialecte marma et le birman›. Bulletin de la Société Linguistique 53: 273–294.

Bernot D. 1960. ‹Deux lettres du vice-roi d’Arakan au sujet du rebelle King-Bering›. T’oung Pao 47: 395–422.

Bernot, D. and L. 1957. ‹Chittagong Hill Tribes›. In: S. Maron (ed.), Pakistan Society and Culture, 46–61. New Haven.

Bernot, D. et L. 1958. Les Khyang des collines de Chittagong (Pakistan oriental). Matériaux pour l’étude linguistique des Chins. (L’Homme, n. s. 3). Paris.

Bernot, L. 1953. ‹In the Chittagong Hill Tracts›. Pakistan Quarterly 3: 17–61.

Bernot, L. 1954. ‹Les Mro et leurs orgues à bouche›. Science et Nature 1: 13–15.

Bernot, L. 1960. ‹Ethnic groups of Chittagong Hill Tracts›. In: P. Bessaignet (ed.), Social Research in East Pakistan. (Asiatic Society of Pakistan Publications, 5: 113–140). Dacca.

Bernot, L. 1967. Les Cak, contribution à l’étude ethnologique d’une population de langue loi. Paris.

Bernot, L. 1967. Les Paysans Arakanais du Pakistan Oriental. L’histoire, le monde végétal et l’organisation sociale des réfugiés Marma (Mog). Paris/La Haye.

Bessaignet, P. 1958. Tribesmen of the Chittagong Hill Tracts. (Asiatic Society of Pakistan Publications 1). Dacca.

Brauns, C.-D. 1973. ‹The Mrus, peaceful hillfolk of Bangladesh›. National Geographic Magazine 143,2: 267–286.

Brauns, C.-D. 1977. ‹Das glückliche Leben der Mru›. GEO-Magazin 3: 58–76.

Brauns, C.-D. 1983. ‹Le stirpe dei uomini fiori›. Airone 23: 86–101.

Census of Pakistan. 1961. District Census Report Chittagong Hill Tracts.

Gesellschaft für bedrohte Völker. 1979. ›Chittagong Hill Tribes, Bangladesh›. Pogrom 65: 33–38.

Grierson, G. A. (ed.). 1904. Linguistic Survey of India, III 3. Calcutta.

Henes, U. 1981. The Secret War in Bangladesh. (International Fellowship of Reconciliation, Report). Alkmaar.

Hughes, W. G. 1881. The Hill Tracts of Arakan. Rangoon.

Hunter, W. W. 1876. A Statistical Account of Bengal, Vol. 6. London.

Hutchinson, R. H. S. 1906. An Account of the Chittagong Hill Tracts. Calcutta.

Hutchinson, R. H. S. 1909. Chittagong Hill Tracts. (Eastern Bengal and Assam District Gazetteers). Allahabad.

Kamaluddin, S. 1980. ‹A tangled web of insurgency›. Far Eastern Economic Review 23. 5. 80: 34.

Kauffmann, H. E. 1934. ‹Landwirtschaft bei den Bergvölkern von Assam und Nord-Burma›. Zeitschrift für Ethnologie, 66: 15–111.

Kauffmann, H. E. 1960. ‹Das Fadenkreuz, sein Zweck und seine Bedeutung›. Ethnologica N. F. 2: 36–69.

Kauffmann, H. E. 1962. ‹Observations on the agriculture of the Chittagong Hill Tribes›. In: J. E. Owen (ed.), Sociology in East Pakistan. (Occasional Studies of the Asiatic Society of Pakistan 1). Dacca.

Kauffmann, H. E. 1969. ›Die Nouka auf dem Sangu, ein Bootstyp in Ostpakistan›. Zeitschrift für Ethnologie 94: 15–32.

Kauffmann, H. E. und L. G. Löffler. 1959. ‹Spiele der Marma›. Zeitschrift für Ethnologie 84,2: 238–253.

Khan, R. K. and S. I. Choudhury. 1965. ‹Some tribal house types of the Chittagong Hill Tracts›. The Oriental Geographer 9,1: 17–32.

Khan, R. K. and A. L. Khisha. 1970. ‹Shifting cultivation in East Pakistan›. The Oriental Geographer 14,2: 22–43.

Konietzko, J. 1929. ‹Die Konietzkosche Indienexpedition 1927›. Ethnologischer Anzeiger 2: 31–33.

Latter, T. 1846. ‹Note on some hill tribes on the Kuladyne river, Arracan›. Journal of the Royal Asiatic Society of Bengal 15: 60–78.

Lévi-Strauss, C. 1951. ‹Miscellaneous notes on the Kuki of the Chittagong Hill Tracts, Pakistan›. Man 51: 167–169 (No. 284).

Lévi-Strauss, C. 1952. ‹Le syncrétisme religieux d'un village mog du territoire de Chittagong›. La Revue de l'Histoire des Religions 141,2: 202–237.

Lévi-Strauss, C. 1952 ‹Kinship Systems of three Chittagong Hill Tribes›. Southwestern Journal of Anthropology 8: 40–50.

Lewin, T. H. 1867. ‹Diary of a hill-trip on the borders of Arracan›. Proceedings of the Royal Geographic Society 11, 52.

Lewin, T. H. 1869. The Hill Tracts of Chittagong and the dwellers therein; with comparative vocabularies of the hill dialects. Calcutta.

Lewin, T. H. 1870. Wild Races of Southeastern India. London.

Lewin, T. H. 1912. A Fly on the Wheel, or How I Helped to Govern India. London.

Löffler, L. G. 1958. ‹Bambus, Lebensgrundlage eines hinterindischen Bergvolkes›. Umschau in Wissenschaft und Technik 58: 755–757.

Löffler, L. G. 1959. ‹Die Khyang der Chittagong Hill Tracts›. Zeitschrift für Ethnologie 84,2: 257–269.

Löffler, L. G. 1960. ‹Khami/Khumi-Vokabulare. Vorstudie zu einer sprachwissenschaftlichen Untersuchung›. Anthropos 55: 505–557.

Löffler, L. G. 1960. ‹Carrying Capacity, Schwendbauprobleme in Südostasien›. Actes du VIe Congrès International des Sciences Antropologiques et Ethnologiques, Paris, 2,1: 179–182.

Löffler, L. G. 1964. ‹Chakma und Sak. Ethnolinguistische Beiträge zur Geschichte eines Kulturvolkes›. Internationales Archiv für Ethnographie 50,1: 72–115.

Löffler, L. G. 1966. ‹L'alliance asymétrique chez les Mru›. L'Homme 6,3: 68–80.

Löffler, L. G. 1968. ‹A note on the history of the Marma Chiefs of Banderban›. Journal of the Asiatic Society of Pakistan 13,2: 189–201 Dacca.

Löffler, L. G. 1968. ‹Basic Democracies in den Chittagong Hill Tracts, Ostpakistan›. Sociologus N. F. 18,2: 152–171.

Löffler, L. G. 1972. ‹Pitch and Tone in Bawm›. Ethnologische Zeitschrift Zürich: 285–289.

Löffler, L. G. 1975. ‹Mru Tu Long›. In: H. Berger (ed.), Mündliche Überlieferungen in Südasien. Schriftenreihe des Südasieninstituts der Universität Heidelberg 17: 8–28.

Löffler, L. G. und S. L. Pardo. 1969. ‹Shifting cultivation in the Chittagong Hill Tracts, East Pakistan›. Jahrbuch des Südasien-Institutes der Universität Heidelberg 3: 49–66.

MacCall, A. G. 1949. Lushai Chrysalis. London.

MacKenzie, A. 1884. History of the relations of the Government with the hill tribes of the north-east frontier of Bengal. Calcutta.

MacRae, J. 1801. ‹Account of the Kookies, or Lunctas›. Asiatick Researches 7: 183–198.

Mey, A. 1979. Untersuchung zur Wirtschaft in den Chittagong Hill Tracts (Bangladesh). Veröffentlichungen aus dem Übersee-Museum Bremen, D 6.

Mey, W. 1980. Politische Systeme in den Chittagong Hill Tracts, Bangladesh. Veröffentlichungen aus dem Übersee-Museum Bremen, D 9.

Mey, W. (ed.) 1984. Genocide in the Chittagong Hill Tracts, Bangladesh. (International Work Group for Indigenous Affairs, Document 51). Copenhagen.

Mills, J. P. 1931. ‹Notes on a tour in the Chittagong Hill Tracts in 1926›. Census of India 1931, Vol. 5: 514–521.

Ohn Pe, U. 1931. ‹The Awa Khamis, Ahraing Khamis, and Mros in the Ponnagyun Chin Hills, Ponnagyun Township›. Census of India 1931, Vol. 11,1: 257–264.

Organizing Committee Chittagong Hill Tracts Campaign. 1986. The Charge of Genocide, Human Rights in the Chittagong Hill Tracts of Bangladesh. Amsterdam.

Parry, N. E. 1932. The Lakhers. London.

Phayre, A. P. 1841. ‹Account of Arakan›. Journal of the Royal Asiatic Society of Bengal 10: 679–712.

Rajput, A. B. 1965: The tribes of the Chittagong Hill Tracts. Karachi.

Rashid, H. E. 1977. Geography of Bangladesh. Dacca.

Reichle, V. 1981. Bawm Language and Lore, Tibeto-Burman Area. (Europäische Hochschulschriften 21, 14) Bern.

Risley, H. H. 1892. The Tribes and Castes of Bengal, Ethnographic Glossary. Calcutta.

Riebeck, E. 1885. Die Hügelstämme von Chittagong, Ergebnisse einer Reise im Jahre 1882. Berlin.

Shakespear, J. 1912. The Lushei Kuki Clans. London.

Shafer, R. 1941. ‹The linguistic relationship of Mru. Traces of a lost Tibeto-Burmic Language?› Journal of the Burma Research Society 31: 58–79.

Sopher, D. E. 1963. ‹Population dislocation in the Chittagong Hills›. Geographical Review 53: 337–362.

Sopher, D. E. 1964. ‹The swidden/wet-rice transition zone in the Chittagong Hills›. Annals of the Association of American Geographers 54,1: 107–126.

Spielmann, H. J. 1968. Die Bawm-Zo. Eine Chin-Gruppe in den Chittagong Hill Tracts (Ostpakistan). Heidelberg.

Survival International. 1984. ‹Genocide in Bangladesh›. SIR-Review 43: 7–28.

St. Andrew St. John, R. F. 1872. ‹A short account of the hill tribes of North Arakan›. Journal of the Royal Anthropological Institute 2: 233–247.

Thom, W. S. 1910. Burma Gazetteer, Northern Arakan District (or Arakan Hill Tracts). Rangoon.

Glossar der Mru-Begriffe

Vorbemerkung: Mru ist eine Tonsprache, auf die Angabe der Töne wurde hier verzichtet. *k*, *t* und *p* sind nicht aspiriert zu sprechen (haben also etwa den französischen Wert); erscheint eine Aspiration, schreibe ich *kh*, *th*, *ph* (letzteres ist also nicht wie /f/ zu sprechen); *r* ist immer Zungen-r, *y* und *w* haben den englischen Wert, *e* und *o* sind immer offen (*e* also wie dt. /ä/). Mru hat zudem zwei Vokale, die bei uns zwar dialektal vorkommen, für die wir jedoch keine eigenen Zeichen besitzen: ich benutze *ö* und *ü*, man forme sie in der hinteren Mundhöhle, ohne die Lippen zu runden.

hom-noi: Mischung aus Wasser und etwas gekochtem Reis (*hom*), dient als Bier-Ersatz bei Zeremonien

kimma: wörtlich ‹Haupthaus›, kleinerer Raum des Hauses, der als Schlafraum für das Ehepaar und die Kleinkinder dient, in dem Besitztümer und Vorräte bewahrt werden und zu dem Fremden der Zutritt verboten ist.

kim-tom: größerer Raum des Hauses, allgemeiner Aufenthaltsraum, in dem gekocht und gegessen wird, in dem Gerätschaften aufbewahrt werden, in dem die größeren Kinder schlafen und in dem Gäste beherbergt werden

köm-pot: kleine in Blattstückchen gewickelte Nahrungsportionen, die den Geistern geopfert werden

pen: ‹Nachfahren› in weiblicher Perspektive, Angehörige der Frauennehmer-Sippen, insbesondere auch der Schwester- oder Schwiegersohn eines Mannes

sra: (Lehnwort aus dem Burmanischen) Meister in einem speziellen, meist religiösen Tätigkeitsbereich

tai-nau: älteres (*tai*) und jüngeres (*nau*) gleichgeschlechtliches Geschwister, im erweiterten Sinne auch Angehörige von Sippen, die als vergeschwistert gelten

tsar: offene Plattform des Dorf- und des Feldhauses

tu: einrohrige Kürbispfeife, im Dreiersatz zu Toten- und größeren Rinderfesten nach bestimmten Versvorgaben geblasen, auch zu einigen anderen Festen als Zeremonialgerät benutzt, aber nicht gespielt

tur-tut: Ritualplatz im Schwendfeld, an dem mit der Feldbestellung begonnen wird und an dem Feldopfer gebracht werden

tutma: ‹Vorfahren› in weiblicher Perspektive, Angehörige der Frauengeber-Sippen, insbesondere auch der Mutterbruder oder Schwiegervater eines Mannes

Glossar zur Verwaltungsstruktur

Chief: nach dem Prinzip der ‹indirect rule› seit 1873 mit der Einziehung der Feldsteuern, der Wahl der *Headmen und mit der tribalen Rechtsprechung in seinem jeweiligen *Circle beauftragter und am Steueraufkommen beteiligter *Raja; 1981 dieser Funktionen enthoben.

Circle: Territorium, dessen Einwohner von den Briten 1873 einem *Chief unterstellt wurden. Die Grenzen wurden 1892 definitiv festgelegt und die 3 nach den Chiefs (Chakma, Bohmong und Mong) benannten Circles in den folgenden Jahren in *Mouzas unterteilt. Zur gleichen Zeit hatten die Chittagong Hill Tracts vorübergehend den Status einer Subdivision; nach Wiederaufwertung zum Distrikt wurden sie 1919 wiederum in 3 mit den Circles jetzt annähernd deckungsgleiche Subdivisions unterteilt, die nach den Verwaltungsorten (Rangamati, Banderban und Ramgor) benannt und je einem Subdivisional Officer der Kolonialverwaltung unterstellt wurden. Mit der Entmachtung der *Chiefs 1981 wurden die Circles aufgehoben und die Subdivisions zu Distrikten (jetzt: Rangamati, Banderban, Khagrachori) aufgewertet.

Headman: zunächst englische Bezeichnung für einen dem *Raja unterstellten Dewan der Chakma oder *Ruatsa der Marma; ab 1892 meist erbliches Amt des einheimischen Vorstehers einer *Mouza, auf Vorschlag des *Chiefs vom *Superintendent (Deputy Commissioner) ernannt, verantwortlich für die Führung der Steuerlisten und die Ablieferung der Feldsteuern, von deren Ertrag er einen Anteil erhält, sowie für die Aufrechterhaltung der Ordnung, mit der Berechtigung, Streitfälle nach dem Gewohnheitsrecht zu entscheiden.

Karbari: (bengal.) ‹Geschäftsführer›, von den Dorfbewohnern gewählter Dorfvorstand, dem *Headman für die Ablieferung der Feldsteuern verantwortlich, aber ohne offizielle Machtbefugnisse und Vergütung seiner Dienstleistungen.

Mouza: (bengal.) kleinste Regionaleinheit der Steuerverwaltung, in den Chittagong Hill Tracts einem *Headman unterstellt, umfaßt meist mehrere kleinere Dörfer (Weiler) ohne Rücksicht auf die ethnische Zusammensetzung.

Raja: (bengal.) Bezeichnung der traditionellen Oberhäupter der Chakma, Marma und Tipera, von der britischen Verwaltung als *Chiefs mit der Steuereinziehung und niederen Gerichtsbarkeit bei der einheimischen Bevölkerung eines *Circles betraut, mit Residenz (‹Rajbari›) in Rangamati (Chakma), Banderban (Bohmong) und Manikchori (Mong).

Ruatsa: (burm.) ‹Dorfesser› (in der englischen Literatur meist ‹Roaja› geschrieben und als *Headman bezeichnet), alter Begriff für die dem Marma-*Raja (Bohmong) unterstellten Steuereinzieher, inzwischen nur noch vom Bohmong gegen Bezahlung an *Headmen und *Karbari verliehener Titel ohne Funktion.

Subdivision: s. *Circle.

Superintendent: zwischen 1860 und 1919 Amtsbezeichnung des obersten Verwaltungsbeamten der Chittagong Hill Tracts; seit der Ausgrenzung des Distrikts aus der regulären Kolonialverwaltung durch ‹Deputy Commissioner› ersetzt, jedoch weiterhin Titel des obersten Polizeibeamten (‹Superintendent of Police›).

(Querverweise sind mit * gekennzeichnet)

Bildnachweis

Alle Karten sowie folgende Bilder und Zeichnungen wurden von Lorenz G. Löffler zur Verfügung gestellt: Seite 6, 24, 30, 31, 32, 33, 35 links, 63 oben, 65 links, 68, 69 oben, 85, 111, 112, 113, 114, 116 links, 117, 118, 119, 120, 121, 127 rechts, 131, 136, 174, 184, 185, 190, 192 links und oben, 197, 198, 199, 227, 229, 232 oben, 233 rechts, 234, 236, 237, 239.

Alle anderen Aufnahmen und Zeichnungen stammen von Claus-Dieter Brauns. Die Zeichnungen Seite 74, 75, 138, 139 und 182 wurden von Claus-Dieter Brauns nach Vorlagen erstellt, die das Linden-Museum, Stuttgart (Staatliches Museum für Völkerkunde), freundlicherweise zur Verfügung stellte.

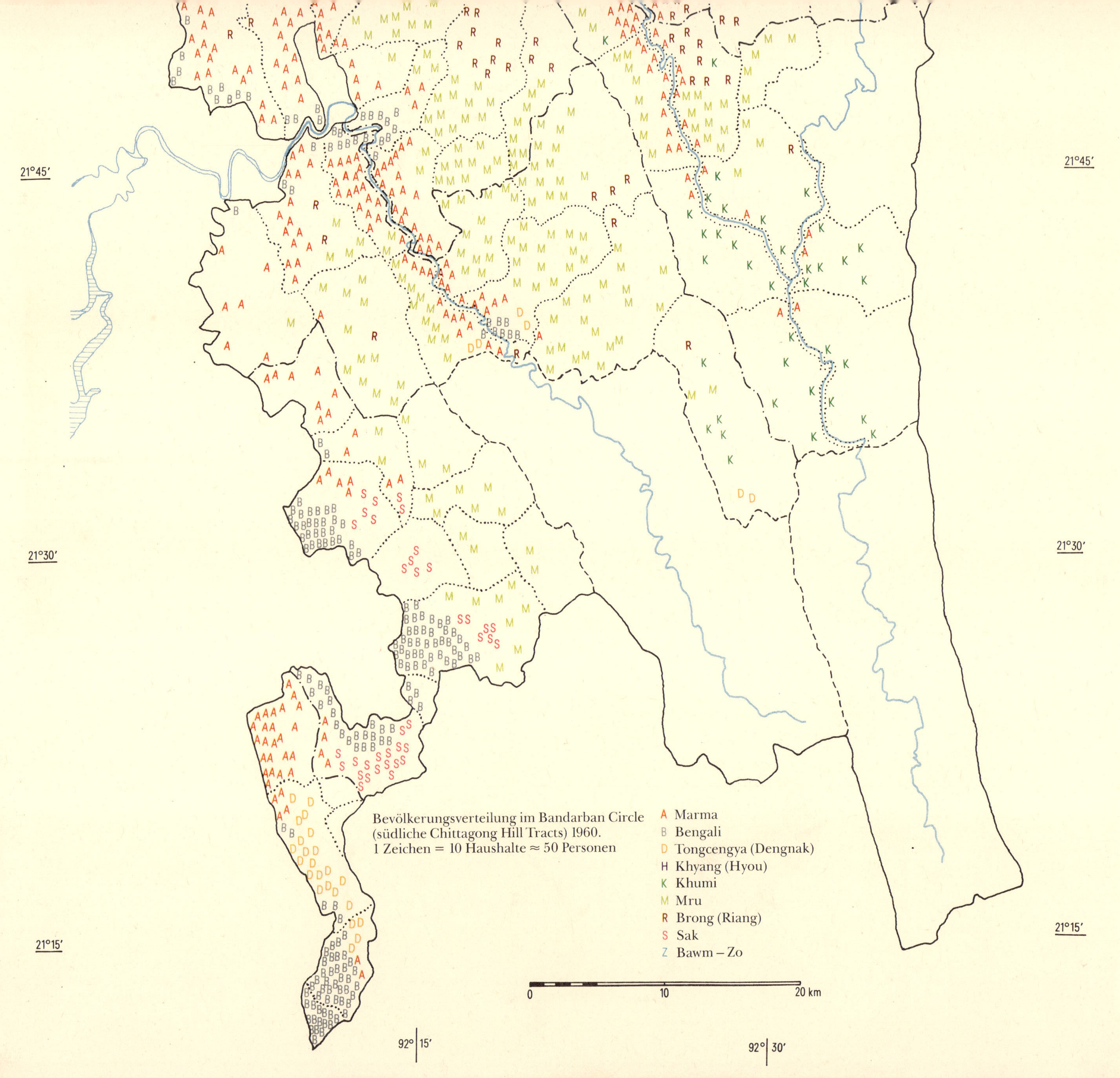

Bevölkerungsverteilung im Bandarban Circle
(südliche Chittagong Hill Tracts) 1960.
1 Zeichen = 10 Haushalte ≈ 50 Personen
A Marma
B Bengali
D Tongcengya (Dengnak)
H Khyang (Hyou)
K Khumi
M Mru
R Brong (Riang)
S Sak
Z Bawm – Zo
21°45'
21°30'
21°15'
92° 15'
92° 30'
0
10
20 km